火龙果优质栽培技术

凡改恩　胡君欢　范雪莲　张成义　金伟兴　主编

中国农业科学技术出版社

图书在版编目（CIP）数据

火龙果优质栽培技术 / 凡改恩等主编 . -- 北京：
中国农业科学技术出版社，2023.11
ISBN 978-7-5116-6530-0

Ⅰ.①火…　Ⅱ.①凡…　Ⅲ.①热带及亚热带果 – 果树
园艺　Ⅳ.① S667.9

中国国家版本馆 CIP 数据核字（2023）第 210589 号

责任编辑	李　娜　朱　绯
责任校对	马广洋
责任印制	姜义伟　王思文

出 版 者	中国农业科学技术出版社
	北京市中关村南大街 12 号　　邮编：100081
电　　话	（010）82106626（编辑室）　　（010）82109702（发行部）
	（010）82109707（读者服务部）
网　　址	https://castp.caas.cn
经 销 者	各地新华书店
印 刷 者	北京建宏印刷有限公司
开　　本	170 mm×240 mm　1/16
印　　张	11.5
字　　数	212 千字
版　　次	2023 年 11 月第 1 版　2024年 4 月第 1 次印刷
定　　价	98.00 元

《火龙果优质栽培技术》

编 委 会

主　　编　　凡改恩　　胡君欢　　范雪莲　　张成义　　金伟兴

副 主 编　　王先挺　　张志明　　李方勇　　罗宝杰　　朱晓波

　　　　　　斯双双　　葛芙蓉　　郭焕茹

参编人员　　（以姓氏笔画为序）

　　　　　　王　琦　　李昕玥　　吴降星　　何　丹　　狄　蕊

　　　　　　张文标　　张晓萌　　陆　雁　　陈若男　　陈燕华

　　　　　　姚兆杰　　徐沁怡　　郭梅霞　　蒋仁军　　詹勉瑾

　　　　　　樊树雷

　　火龙果营养丰富、功能独特，含有一般植物少有的植物性白蛋白、水溶性膳食蛋白和甜菜素，具有美白、减肥、抗衰老、解毒、润肠通便、预防大肠癌等功效，深受广大消费者的欢迎。我国火龙果主要种植区域集中在南方各省区，经过多年的发展，在火龙果露地与设施栽培、病虫害绿色防控等优质栽培技术方面，均取得了一定突破。但在快速发展的过程中，我国火龙果生产也存在一些问题，一是主栽品种缺乏多样性，大红系列栽种面积较大，同名异品种、同品种异名混淆问题突出；二是栽培技术标准化建设不足，精品果标准化高效生态栽培技术的推广力度不够，设施化、机械化水平不高，病虫害问题较严重；三是产期集中，夏季集中上市，冬季果比例较低。这些问题严重制约我国火龙果产业发展。本书结合笔者的多年研究与实践，从理论性、实用性、先进性出发，就火龙果的优质栽培技术等方面进行了深入探讨，为火龙果的标准化栽培和精品化生产提供参考。

　　本书共有 8 章，第一章简单介绍了火龙果的经济价值、生产状况及发展前景；第二、第三章详细介绍了火龙果的植物学性状和生物学特性，主要种植种类和我国主要栽培的品种，以及火龙果在我国的种植情况和发展前景；第四到第八章详细介绍了火龙果优质丰产栽培技术，如种苗繁育技术、建园与定植技术、田间管理技术、病虫害防治技术以及在北方种植火龙果必备的设施栽培技术。

本书立足实用性和先进性，目的是帮助广大读者更全面地了解火龙果优良品种以及先进的栽培管理技术，以期为我国火龙果产业发展贡献部分力量。本书内容全面、技术实用、文字通俗、图文并茂，适合广大从事火龙果生产、技术推广及教学、科研人员参考阅读。

由于编者水平有限，书中难免有疏漏和不足之处，恳请读者批评和指正。

编　者

2023 年 7 月

目 录

 概　述

火龙果因其外表肉质鳞片似蛟龙外鳞而得名，火龙果的称呼各地不一，也称红龙果、仙蜜果、长寿果、青龙果、吉祥果等。人们认为食用火龙果可健康长寿，所以俗名叫"长寿果"，我国台湾地区又称"仙蜜果"。目前，商业化栽培的火龙果有红皮红肉、红皮白肉和黄皮白肉3种类型。红皮红肉称为红龙果，红皮白肉称为玉龙果，黄皮白肉称为黄龙果（麒麟果或燕窝果），一般人们不分颜色，统称为火龙果。

第一节
火龙果的营养、药用及经济价值

一、火龙果的营养、药用价值

　　火龙果（*Hylocereus undulatus* Britt.），又名红龙果、龙珠果、玉龙果、仙蜜果、情人果、芝麻果等，起源于中美洲，是仙人掌科（Cactaceae）量天尺属（*Hylocereus*）和蛇鞭柱属（*Seleniereus*）的多年生攀缘性的肉质植物，属热带、亚热带果树。火龙果果实营养丰富，每 100 g 火龙果果肉中含有水分 83.75 g、灰分 0.34 g、粗脂肪 0.17 g、粗蛋白 0.62 g、粗纤维 1.21 g、膳食纤维 1.62 g、碳水化合物 13.91 g、果糖 2.83 g、葡萄糖 7.83 g、热量 0.25 kJ、维生素 C 5.22 mg、钙 6.3 ~ 8.8 mg、磷 30.2 ~ 36.1 mg、铁 0.55 ~ 0.65 mg 和大量花青素（红肉品种最多），水溶性膳食蛋白，植物白蛋白等。

　　（一）富含甜菜素

　　火龙果是目前唯一含甜菜素的大面积栽培水果。甜菜素是类似化色素的一种重要的植物次生代谢物质，是一种具有多种生物活性功能的水溶性含氮色素，具有抗氧化、抗自由基、防衰老、抑制脑细胞变性、预防阿尔茨海默病的作用。

　　（二）富含植物性白蛋白

　　火龙果富含一般果蔬中较少有的植物性白蛋白，这种活性白蛋白是具黏性、胶质性的物质，在人体内遇到重金属离子后会快速将其包裹住，避免被肠道吸收，通过排泄系统排出体外，从而起到解毒的作用。另外，植物性白蛋白对胃壁也有保护作用。

　　（三）富含水溶性膳食纤维

　　火龙果是一种低能量、高纤维的水果，水溶性膳食纤维含量非常丰富。水溶性膳食纤维是能够溶解于水的纤维类型，具有黏性，能在肠道中大量吸收水分，使粪便保持柔软状态，具有润肠通便、减肥、降低血脂、改善口腔及牙齿功能、预防胆结石等功效。

（四）糖分以葡萄糖为主

火龙果所含的葡萄糖很容易被人体吸收，非常适合跑步后食用。由于火龙果的糖分以葡萄糖为主，吃起来不太甜，被误以为是低糖水果，其实火龙果的糖分比大家想象中的要高一些，因此糖尿病患者或血糖高的人不宜多吃。

（五）富含维生素C

火龙果花中，维生素C含量298.4 mg/kg，火龙果果实中，维生素C含量为80 ～ 90 mg/kg。维生素C可以消除人体内产生的氧白自由基，并且具有很好的美白皮肤的效果。

（六）富含铁元素

火龙果铁元素含量比一般水果要高。铁元素是制造血红蛋白及其他含铁物质不可缺少的元素，对人体健康有着重要作用。

（七）种子富含核酸

火龙果中芝麻状的种子含有多种酶、不饱和脂肪酸和抗氧化物质，有抗氧化、抗自由基、促进胃肠消化、抗衰老和减肥的功效。

（八）含有花青素

火龙果果皮含有的花青素能够增强血管弹性，保护动脉血管内壁，防止血管硬化；降低血压，预防贫血；美颜，减肥；抑制炎症和过敏，改善关节的柔韧性，预防关节炎；可以改善视力，抗辐射等，具有食疗、保健等多种功能。

（九）其他功能性成分

火龙果花中含有多糖、皂苷、植物甾醇等功能性成分，具有抑菌消炎、润肺止咳、降血糖、抗癌、美容养颜、延缓衰老等作用。

二、火龙果的经济价值

火龙果集水果、花卉、蔬菜、保健于一体，有很高的经济价值，它生长迅速，投产早，见效快，效益高。一般优质健壮的扦插苗3月定植后，在管理好的情况下，当年的下半年会有部分植株少量开花结果，第二年开始投产，亩产可达1 500 kg以上，第三年进入盛果期，亩产高达2 500 kg以上。火龙果有多次开花结果的习性，果实成熟期在每年7月上旬至12月中旬，单株全年可采果6 ～ 12批次，果实鲜艳美观，果肉柔软细滑，多汁，味甜，营养丰富，又有保健功效，通过产期调节可以周年持续不断地供应市场，栽培效益好。如果做休闲采摘，效益可以成倍增加。火龙果果实除鲜食外，还可酿酒、制罐头、果酱、冻干品、冰激凌等。火龙果花除观赏外，还可干制咸菜、汤、花茶等。火龙果果皮颜色可提炼食用色素。

第二节
火龙果的分布与生产状况

火龙果是新兴外来水果，属仙人掌科，原产于中南美洲的热带雨林，自然分布在哥斯达黎加、危地马拉、巴拿马、厄瓜多尔、哥伦比亚、尼加拉瓜、墨西哥、古巴等国家的热带雨林及沙漠地带，人工栽培遍及中美洲、以色列、越南、泰国、中国等国家，越南火龙果的面积和产量居世界首位。其中，黄龙果在哥伦比亚、厄瓜多尔等国大面积生产，其他地区则引种作特色栽培。

我国台湾早在 1645 年由荷兰人引入"繁花种"栽培，因自交不亲和，加上栽培技术落后，结果率极低，大多数作为家庭观赏栽培。1983 年起，我国台湾陆续有不少人士自越南及中南美洲国家引入可自花授粉、大果优质的白肉及红肉品种之后，因枝条发根繁殖容易，幼年期短，产量高，产期长又分散，果实耐贮运且耐旱，病虫害少，用药少等诸多栽培上的优点，近年来掀起栽培的热潮。现有种植面积约 2.55 万亩（1 亩 ≈666.7 m^2，1 hm^2=15 亩，全书同），栽培技术已达到世界先进水平，并选育出了一些火龙果新品种如蜜宝、大红、富贵红、石火泉、蜜红龙等。

21 世纪初期，火龙果在中国大陆的广西壮族自治区（以下简称"广西"，全书同）、广东省、贵州省、云南省、海南省、福建省等省（自治区）兴起，主要栽培省份基本情况如下。

广西种植面积最大，约 23 万亩，在红水河以南区域分布，是我国商品量最大、最重要的火龙果生产基地。

广东种植面积约 20 万亩，主要分布在粤西、珠三角及粤东，粤西为火龙果生产基地，珠三角为休闲观光采摘基地。

贵州种植面积约 12 万亩，主要分布在北盘江、南盘江、红水河流域的罗甸县等 6 个县。

云南种植面积约 6 万亩，主要分布在西双版纳傣族自治州（以下简称"西双版纳"，全书同）、红河哈尼族彝族自治州、玉溪及澜沧江流域，其中，西双版纳的种植面积有 2 万亩，是云南的主要产区，特点是早熟。

海南种植面积约 6 万亩，分布于全岛各地，早熟，年收获期 8～9 个月。

福建是火龙果自然分布的最北缘区域，种植面积约 2.5 万亩，主要分布在福州以南的沿海一带（如福州、莆田、泉州、厦门、漳州等地）。

除此之外，其余各省均有零星种植，均需设施大棚安全越冬，以休闲观光为主。火龙果主要栽培的品种有红皮白肉、红皮红肉和黄皮白肉 3 种类型，品质以红皮红肉和黄皮白肉类型为优。

第三节
火龙果的发展前景

一、火龙果的发展前景

根据有关资料记载，2016 年，我国进口的新鲜火龙果高达 52 万多 t，进口总额达到 3.81 亿美元，其中，大部分是从越南进口，进口量和金额占比均为 99%，除了从越南进口外，还有小部分是从我国台湾进口。我国的广东、广西和云南是越南火龙果的主要销售市场。近两年，我国火龙果产业正在异军突起，并逐渐成为国内水果家族中不可或缺的一部分。有专家指出，虽然目前我国火龙果霜冻受威胁较大，生产成本相对较高，但是从品质来看，广西、海南等产区的火龙果新品种无论在品质风味、成熟度和新鲜度等方面，都要远远优于越南进口火龙果。随着国内火龙果产量和品质的提高，以及消费者对健康要求的提升，越南火龙果在中国的销售将受到较大冲击。我国南方有广阔的土地适宜发展种植火龙果，因此，我国火龙果发展前景广阔。

广西特色水果创新团队首席专家陈东奎研究员认为，我国火龙果产业的发展态势及趋势有以下几个方面。一是我国火龙果市场消费潜力巨大，在未来 5～10 年内火龙果市场容量有可能扩大到 200 万～300 万 t，火龙果产业的社会关注度越来越高，对社会资金的吸引力越来越强，经销商的兴趣越来越浓，信心越来越足；二是火龙果面积快速扩张的势头在 2016 年出现阶段性钝化，许多老果园正面临着更新换代，符合经济新常态的特点，有利于市场消化产能，有利于我国火龙果产业有序健康发展；三是火龙果价格回归理性是进行时，不久的将来市场竞争关键看质量和价格，提高火龙果果实质量和降低生产成本是主要任务；四是火龙果生产朝着规模化、标准化、品种多样化发展是必然趋势；五是营销手段多样化在未来很长一段时期内存在，比如大型批发市场、超市、连锁店、电商、休闲观光同时存在，并且营销手段升级将加速进行；六是质量意识进一步增强，管理标准化程度大幅度提升，产品质量提高明显，竞争力进一步增强。

我国火龙果产业的发展前景广阔，其分析如下。一是市场供求缺口较大。火龙果作为热带、亚热带水果，种植区域有限。目前全球形成规模生产的国家仅22个，从中国大陆市场来看，目前国产火龙果鲜果生产能力不到总需求量的30%。2019年，我国从越南进口火龙果近50万t，占该国产量的绝大部分，仍然无法满足需求。随着火龙果清甜低糖，营养保健的特点为越来越多的消费者所认识，预计未来几年的市场需求量还会有较大的增加；二是火龙果的生长特性有利于实现低风险高效益。火龙果具有多批次开花结果的特点，在我国栽培一年产果期长达6～7个月12～14批次，果品常温货架期5～8 d，低温保存期30～60 d，有利于减少集中上市，扩大销售范围，降低市场风险。火龙果通过肉茎开花，成果范围大，加上肉茎延伸灵活，通过架式改良可实现单产成倍增长。我国主栽的红肉果品质优良，比主要进口国白肉果竞争力强，效益必将更加可观。三是火龙果具有广阔的加工转化和开发利用价值。火龙果果肉内含的红色素较耐高温，加工后不易变色变味，可以开发天然食用色素、酵素、醋、酒、食品点心、冷品饮料等多种食品。火龙果内含物如玉芙蓉、角蒂仙、三萜化合物、类黄酮、花青素类、胡萝卜素等具有抑菌、抗炎、免疫、降血糖、降血脂及抗癌等功效，是抗氧化剂的良好原料。火龙果集果、菜、花三类经济价值于一体，植株还有较高的观赏价值，可结合发展休闲观光产业，综合开发前景广阔。

二、我国火龙果产业存在问题与对策

（一）存在的问题

我国火龙果经过十几年的大力发展，当前存在的突出问题主要有以下几个方面。

1. 品种混乱，缺乏种性和产权鉴定

目前，生产上所用品种主要来自民间引种，品种间系谱关系不清，同物异名或异物同名现象极为严重，影响其优良品种的快速推广，品种资源农艺性状鉴定与评价存在空白，品种选择上缺乏正确的指导，种质创新不足，品种培育选用后备资源不足。健康苗木繁育体系尚未建立，生产用苗基本取自生产园的枝条扦插繁育，种质劣性与病虫害持续相传，隐患较大。

2. 标准化栽培普及率低

技术研究和集成度不高，先进栽培技术尚未熟化，单项技术缺乏配套未成体系，影响技术推广普及和最佳效能实现。许多果农凭感觉和经验种植，技术措施难以统

一，以致同一品种、同一产地，果实外观品质缺乏一致性，降低商品价值。病虫害日益严重，溃疡病、病毒病、茎斑病等有逐年加重的趋势，一些病害病源不明，防治效果较差。

3. 果园基础设施薄弱，产地贮运能力建设严重滞后

基础设施建设滞后，火龙果生产前期投入较大，按现行价格每亩超过 15 000 元，导致部分果园生产建设难以兼顾。多数果园采用水泥柱单柱式栽培，未达单位面积最高株数。一些丘陵坡地果园水源建设不足，抗旱力弱，一些果园未完成坡改梯易导致水土流失。一些次适宜区种植未准备防寒措施，果树遭受低温冻害的风险较大。同时，产地的冷库建设严重不足；这给火龙果贮藏、销售带来了很大压力。

4. 产业化程度仍然偏低

部分产区仍以农户经营为主，组织化程度较低。一些规模化经营的企业也大多各自为政，形不成区域性或全国性的大品牌，缺乏开拓国际市场的能力。多数产区采后处理和加工转化能力较弱，对火龙果深度开发的能力和档次都有待提高，火龙果的果花茎综合功能还没有充分挖掘出来。

5. 科研能力不足

研究力量明显不足，区域布局规划滞后，有的不适宜区盲目种植，新品种自主培育能力不足，主要靠引进品种火龙果作为新兴的外来特色小宗水果，我国各省（自治区、直辖市）农业研究机构投入的研究力量毕竟有限，对火龙果的区域布局缺乏统一规划，导致一些果农走弯路。目前，火龙果生产上的主栽品种主要是从我国台湾地区引进，自主选育的品种较少，供果农选择的品种不多，过去种植的红肉火龙果自然授粉结实率低、果实小，生产上要进行人工授粉，才能达到结果率高、果实大、品质好的目的，能够自己授粉的品种较少，老产区品种正面临着更新换代。

（二）解决对策

针对我国火龙果生产上存在的诸多问题，应从以下几个方面着手解决。

1. 加强种质资源收集、创新与利用

科研单位对现有火龙果品种资源和原生种质资源进行收集、评鉴、整理，建立资源库，开展火龙果种质贮备。按照自花授粉型、高产型、大果型、耐贮型、抗寒型等不同目标进行规划和推广。通过人工杂交育种、辐射诱变育种、生物工程育种等方法，开展火龙果种质资源的优化、重组和创新，不断培育新的良种，分级构建新品种的健康无毒种苗繁育体系，确保火龙果产业良性健康发展。

2. 加快技术研发与集成推广

整合行业科技力量，对制约产业发展的关键技术联合攻关。重点突破高效授粉授

精、疏花疏果、套袋技术、配方施肥、产期调节、生草栽培、病虫害综合防治技术为主的火龙果高产、优质、无公害栽培、采后预冷和冷链贮运等技术环节，整合形成标准体系和技术规范。建立信息共享平台，实现品种、基础数据、技术、市场、价格信息的共享，加速推广应用。

3. 加强商品化处理与深加工技术研发

根据火龙果各主要栽培品种的采后耐贮性能，需研发安全、高效的火龙果采后处理材料、设备和技术规程，推广一批先进的无伤采收、防腐保鲜、预冷冷藏、气调包装、水分保持等实用技术。加强火龙果深加工及其综合利用技术研发，提高产品质量档次。加快突破火龙果功能成分开发利用，优化色素提取技术，推动加工精深化。

4. 加快推进经营服务机制创新

引导劳动力、资金、技术、土地等生产要素投入火龙果产业开发，推动适度规模经营，实现从小生产格局向专业化、区域化生产转变。发展一批上规模的农业企业和家庭农场，建成一批上档次的加工企业，培育一批开拓市场的流通主体，形成完善的产业链条。壮大行业经营企业和经合组织的服务功能，建立以农业科研推广部门为支撑，公司和经合组织为主体的服务网络，自主开展技术研发培训、农资配送服务、产品收购外销，为产业发展提供机制保障。

5. 切实加强病虫和自然灾害防控

针对溃疡病、病毒病、茎斑病及一些不明病害逐年加重的趋势，及时组织专业部门检测鉴定，筛选有效安全的杀灭药剂。切实加强进口果品和调动运苗木的检疫工作，注重防范防止危险性病害、不明病害的进入和传播。切实加强高纬度和高海拔冻害防控，研发推广安全可靠、简易节本的防寒防冻栽培措施。

第二章

火龙果的植物学性状和生物学特性

第一节

火龙果的植物学性状

一、根

火龙果无明显主根，侧根和须根发达，根系极浅，一般分布在表土下 10 cm 浅土层（图 2-1）。主枝和侧枝则能萌发大量的气生根，在攀缘生长的同时可以通过气生根吸收水分、氧气和养分，维持植株生长。

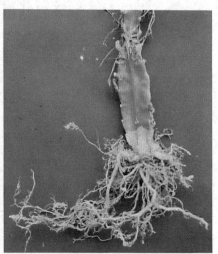

图 2-1　火龙果的根系

二、枝蔓

火龙果茎蔓多年生，肉质粗壮，棱边波浪状，以 3 棱为主，部分品种具有 4 棱（图 2-2）。茎蔓幼茎黄绿色，尖端边缘部位有不同程度的红色，一年生成熟茎蔓多为绿色，多年生主茎为深绿色，是光合作用的主要器官。枝蔓上有一层厚蜡质；叶退化成刺座，刺座直径约 2 mm，相距 1～5 cm，每个刺座具刺 1～8 根，长 0.2～1 cm。刺座是火龙果的花芽和枝条的芽原基。枝蔓上着生大量气生根，亦称攀缘根，可攀附于墙壁、棚架或其他支持物上（图 2-3）。

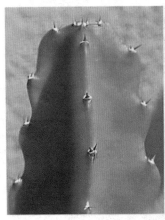

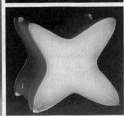

图 2-2　火龙果枝蔓　　　　　　　　　图 2-3　火龙果气生根

三、花

花着生于茎节，单生，呈喇叭状。雌雄同花，花大，长 20 ～ 30 cm，故有"霸王花"之称。苞片浅绿色或紫红色，尖端或边缘紫红色，披针形。花瓣宽阔，白色或红色（图 2-4），倒披针形，全缘。雄蕊多而细长，可达 700 ～ 900 条，分布在花柱四周，常低于花柱或与其持平。花药乳黄色，花丝白色；花柱细长，柱头黄绿色或淡黄色，裂片多达 24 枚（图 2-5）。

图 2-4　火龙果花　　　　　　　　　　图 2-5　火龙果柱头

四、果实

果实形状分长椭圆形、椭圆形或圆球形。成熟时，果皮颜色呈红色、黄色或绿色，果皮上有肉质叶状鳞片，鳞片绿色或红色（图 2-6）。肉质浆果，果肉颜色有白色、红色、粉红色等（图 2-7）。

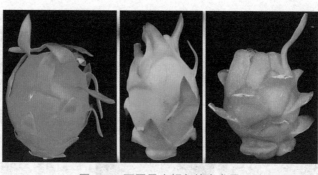

图 2-6　不同果皮颜色的火龙果

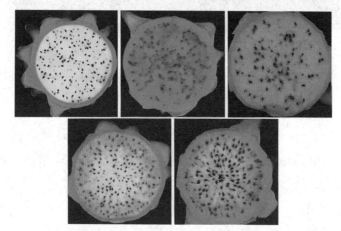

图 2-7　不同果肉颜色的火龙果

五、种子

　　火龙果果肉里含有芝麻状种子，数量多，呈倒卵形，种脐小（图 2-8），可食用。

图 2-8　火龙果种子

第二节
火龙果的生物学特性

一、火龙果生长特征

火龙果最适宜的生长温度是 25 ～ 35℃，温度低于 10℃或高于 38℃即停止生长，临界低温为 0℃。

火龙果喜光耐阴，最适宜光照强度在 8 000 lx 以上，在温度适宜的条件下（＞20℃），可以通过补光使火龙果全年持续挂果。

火龙果耐热耐寒、喜肥耐瘠。作为耐旱植物，其生长对水分要求不高，在极端干旱的条件下依然可以存活。但是，栽培过程为了提高产量，在开花结果期间，土壤含水量以 60% ～ 80% 为宜。火龙果对土壤条件的要求不高，但以中性或微酸性、有机质含量高的砂壤土为宜。

火龙果植株生长旺盛，萌芽能力强，扦插苗种植第二年即可投产，第三年进入盛果期。管理得当，可以连续收获 20 年，植株寿命可达百年。不同品种的火龙果花期和果实成熟期稍有差异。花期一般在 5—12 月，一年多次开花、结果。从出现肉眼可见的花蕾开始，夏季 15 ～ 17 d 即可开花（图 2-9）。虫媒花，一般 20：00 左右

图 2-9　火龙果的发育过程（以莞华火龙果为例）
a.2 d；b.4 d；c.6 d；d.8 d；e.10 d；f.12 d；g.14 d；h.16 d（白天）；i.16 d（晚上）

开始开花，翌日上午花朵开始闭合萎蔫。每批果实的成熟期不一致，在广州地区，夏季（7—9月）火龙果从开花到果实成熟需要 28 ～ 32 d（图 2-10 和图 2-11），春季、秋季需要 45 d 左右，甚至 2 个月以上。

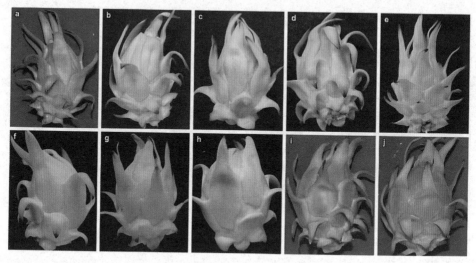

图 2-10　火龙果果实成熟过程果皮颜色的变化（以莞华火龙果为例）
a.16 d；b.19 d；c.22 d；d.23 d；e.24 d；f.25 d；g.26 d；h.27 d；i.28 d；j.29 d

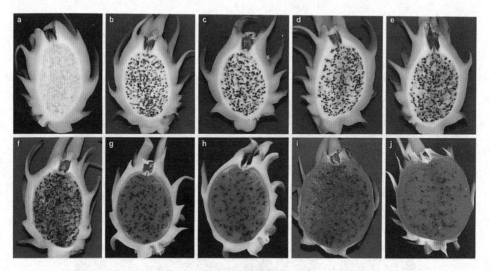

图 2-11　火龙果果实成熟过程果肉颜色的变化（以莞华火龙果为例）
a.16 d；b.19 d；c.22 d；d.23 d；e.24 d；f.25 d；g.26 d；h.27 d；i.28 d；j.29 d

二、火龙果开花结果习性

（一）花芽分化

在营养积累足够、温度适宜且光照达到 12 h 以上时，火龙果的营养芽体向生殖芽体转变，自刺座处着生花蕾，花芽分化一般需 40～50 d，其中，从现蕾到开花一般需要 15～20 d（图 2-12 至图 2-15）。

图 2-12　小花蕾

图 2-13　逐渐长大的花蕾

图 2-14　花蕾

图 2-15　花蕾分泌蜜露

（二）开花和授粉受精

火龙果红肉品种与白肉品种的花均为白色，其大小、形状亦相似，二者区别在于红肉品种花萼常为红色，白肉品种花萼常为淡绿色。红肉品种火龙果始花期出现在 4 月中旬，终花期在 10 月下旬；白肉品种火龙果始花期出现在 5 月中旬，终花期在 10 月中旬。红肉品种较白肉品种始花期早 1 个月，两品种的花均在夜间开放，同一批次开花时间约为 3 d。火龙果从现蕾到开花大多为 15～18 d，盛花期集中在 6 月下旬至 7 月上旬、8 月下旬至 9 月上旬。当日均低温为 22～26℃，日均高温为 34～38℃时，适宜火龙果的生长（图 2-16 至图 2-19）。

图 2-16　燕窝果的花

图 2-17　白玉龙的花

图 2-18　红水晶的花

图 2-19　花药和柱头

自然状态下，火龙果授粉主要通过风媒和虫媒，若开花时期遇连续阴雨，则受精不良，导致自然坐果率低，会引起花朵霉烂，特别是雌蕊霉烂而无着果，若着果后连遇阴雨则影响不大。授粉不良的花一般在开花后，子房变黄、萎缩继而落果。常见白肉火龙果属于自交亲和类型，自然授粉坐果率为 100%；而部分红肉火龙果属于自交不亲和类型，自花授粉坐果率仅 15% 左右，为提高产量，应选择红白肉类型混栽并人工授粉，人工授粉后坐果率可提高到 100%。

（三）坐果与果实发育

火龙果开花 3 d 后，花柱形态仍然存在，种子呈米色，果肉（含种子）与种子不易分离；开花 20 d 后，种子已转黑褐色，果肉与种皮容易分离；开花 30 d 后，果皮颜色已转红，种子黑色，呈芝麻状，3 000 ～ 7 000 粒；在开花后的 25 ～ 30 d，果皮重与果肉重成反比，果皮重逐渐下降，果肉重逐渐增加。在海南大部分地区，火龙果主栽品种从 4 月中下旬现蕾至 9 月下旬，每株火龙果开花批次多的达 4～5 批，少的 2 批，每批现蕾间隔时间约 1 周，阶段性明显。露地栽培红肉品种挂果期为 5—12 月，1 年可采收 10～15 批果，第一批果 5 月下旬到 6 月初成熟，成熟期 30～35 d；最后一批果 11 月至 12 月初采收，成熟期 40～50 d；中间批次的果成熟期 28～30 d。白肉品种挂果期为 5—11 月，1 年可采收 6～8 批果，第一批果 6 月下旬成熟，成熟期 40 d，最后，批果 11 月至 12 月初采收，成熟期 40～50 d；中间批果从开花到果实成熟需 28～30 d；而 9 月以后，果实生长缓慢，成熟期推迟，从开花到果实成熟需 35～40 d（图 2-20、图 2-21）。部分品种周期更长，比如燕窝果从开花到果实成熟需 90～110 d。

图 2-20　自然坐果

图 2-21　火龙果成熟果

第三节
火龙果对环境条件的要求

一、温度

火龙果原产于中南美洲热带雨林地区，喜高温，怕霜冻。最适宜的生长温度为 25～35℃，温度低于 10℃时，会进入短暂休眠来抵抗不适宜的环境温度；温度高于 38℃时，会抑制花芽的形成，导致无法开花结果；而 5℃以下的低温可能导致冻害，幼芽、嫩枝，甚至部分成熟枝都可能被冻死或冻伤。经济栽培应选择温度在 20℃ 以上的地区，在过北的地区栽培不但易出现寒害（冻害），还会影响果实品质。

二、光照

火龙果为喜光植物，最适宜的光照强度为 8 000 lx 左右，良好的光照有利于火龙果的生长和果实品质的提高。火龙果作为攀附型的仙人掌果，对环境有很强的适应性，但光照低于 2 500 lx 时，植株对营养物质的积累受到明显影响。对于比较老熟的枝条，如果烈日照射时间太长，积累的温度得不到散发，可能会导致灼伤。因此，在日光过于强烈的地区种植火龙果可适度遮阴。在以色列有试验表明，遮阴度不超过 50% 利于火龙果的生长。

三、水分

火龙果被认为是耐旱的作物，但水分仍是其快速健壮生长的必需条件。实践证明，火龙果植株每 3 d 应摄入 0.5 kg 水分才能满足其健康生长的需要，过于干旱会诱发植株休眠而停止生长，同时空气湿度过低，也会诱发红蜘蛛危害和一些生理病害。

四、土壤

火龙果主要的根系活动区是 2～5 cm 处的浅表土层。火龙果对土壤的适应性较广，尤其在排水性良好、土层疏松肥沃、团粒结构良好的中性或微酸性砂红壤土上生长快、产量高、品质好，适宜的土壤 pH 值范围为 5.5～7.5。火龙果有大量气生根，说明它的高度好气性，因此，在疏松基质上栽培比较理想，透气不良、碱度过大可直接诱发根系的死亡。

第三章

火龙果的种类和主要栽培品种

第一节

火龙果的主要种类

仙人掌科植物按植物学分类分为 108 属，近 2 000 种。仙人掌科果树主要分为三大类：攀缘类，以量天尺属和蛇鞭柱属为主；刺梨类，以仙人掌属的梨果仙人掌为主；圆柱状仙人掌，以仙人柱属为主。

量天尺属火龙果茎粗而长，一般长 30～150 cm，宽 3～8 cm，其分枝较多，枝条多为三棱形，边缘呈波浪状或圆齿状。枝条颜色一般为深绿色或绿色，光滑无毛；另外，有些品种的枝条表面附着白色粉状物或边缘具木栓化，刺座上有 1～6 根展开的刺，刺呈锥状、针状、弧状等。火龙果的花，朵形较大，又名霸王花、剑花、天尺花、龙骨花、七星剑花；花漏斗状，长 25～30 cm，直径 15～25 cm，于夜间开放；花托及花托筒密被淡绿色或黄绿色鳞片，鳞片卵状披针形至披针形，长 2～5 cm，宽 0.7～1 cm；萼状花被片黄绿色，线形至线状披针形，长 10～15 cm，宽 0.3～0.7 cm，先端渐尖，有短尖头，边缘全缘，通常向外翻卷；瓣状花被片白色，长圆状倒披针形，长 12～15 cm，宽 4～5.5 cm，先端急尖，边缘全缘或啮蚀状，开展；花丝黄白色，长 5～7.5 cm；花药长 4.5～5 mm，淡黄色；花柱黄白色，长 17.5～20 cm，直径 6～7.5 mm；柱头 20～24 根，线形，长 3～3.3 mm，先端长渐尖，开展，黄白色。花期 5—11 月。成熟火龙果花具有清肺、止咳、镇痛等作用，现代中医著作《常用中草药手册》中也曾提及量天尺属植物的花具有清热润肺、止咳等功效。量天尺属植物约有 18 种，分布于中美洲、西印度群岛、委内瑞拉、圭亚那、哥伦比亚及秘鲁北部地区，我国南部地区有栽培，贵州、海南、广西、广东、台湾等地亦有野生。

蛇鞭柱属火龙果茎细而长，棱边数为 2～12，靠气生根攀缘生长。茎上的刺主要有基本退化、针形、毛状 3 种形态；花有白色、黄白色和红色，外花被黄色、粉红色至褐色，内花被呈白色，花朵筒状部分具有鳞片、毛、刚毛或刺。果实卵圆状或椭圆状，果皮红色或黄色，有刺。本属植物约有 28 种，产于美洲热带地区。

各地栽培的火龙果种类与品种繁多，就市场上常见的种类而言，根据其果实的外形特点，可将火龙果分为红皮白肉、红皮红肉、红皮粉肉以及黄皮白肉几类。

第二节

火龙果主要栽培品种

随着我国火龙果种植面积的不断扩大，火龙果品种选育也取得了明显进展，据初步统计，2010年以来我国共审（认）定的火龙果新品种已超过20个。目前，各个省份审定的火龙果品种如下。

广东省（10个）：红冠1号、双色1号、莞华红、莞华白、莞华红粉、粤红、粤红3号、仙龙水晶、大丘4号和红水晶6号火龙果。

广西壮族自治区（6个）：桂热1号、桂红龙1号、美龙1号、美龙2号、金都1号和嫦娥1号火龙果。

贵州省（6个）：粉红龙、晶红龙、紫红龙、晶金龙、黔果1号和黔果2号火龙果。

海南省（1个）：紫龙火龙果。

台湾地区：大红、水晶系列火龙果等。

这些审（认）定的火龙果新品种各有特色，由于区域气候对火龙果品质影响很大，因此，不同地区规模化种植的火龙果品种也不同，本课题组经过多年观测和对种植大户的了解，在生产上表现较好的火龙果品种有大红、金都1号、美龙1号、红冠1号、双色1号、莞华红等。

一、紫红龙

紫红龙（图3-1）是贵州省果树科学研究所历经9年选育出的，适宜在贵州低海拔、高热量区域种植的火龙果新品种之一，于2009年12月通过贵州省农作物品种审定委员会审定。成熟期为每年7—12月，已在贵州省罗甸县、关岭县、贞丰县、望谟县、册亨县、镇宁县等地推广种植数万亩。该品种每年结果10～12批次，从现蕾到开花需要15～21 d，谢花后到果实成熟一般需要28～34 d。果实圆形，果皮红色，果肉紫红色，果形指数1.03，鳞片红色，基部鳞片反卷；枝条平直、粗壮，整体绿色，刺座周围木栓化及缺刻不明显；风味独特。2007年10月获首届中国成都国际农业博览会金奖，同年11月获第三届贵州农产品展销会名特优产品。

图 3-1　紫红龙

　　紫红龙平均单果重 330 g，最大 600 g，可食率 83.96% 以上，可溶性固形物含量 11.0%。贵州省南盘江、北盘江、红水河谷海拔 700 m 以下，赤水河谷海拔 500 m 以下，年均温 18.5℃以上，常年 1 月气温高于 −1℃的区域适合种植，需人工辅助授粉。

二、晶红龙

　　晶红龙（图 3-2）是贵州省果树科学研究所从普通白玉龙中发现的芽变单株，经系统选育而成的白肉类型品种，于 2009 年 12 月通过贵州省农作物品种审定委员会审定。晶红龙四季均能生长，每年结果 7 ～ 9 批次，从现蕾到开花 16 ～ 18 d，从开花到果实成熟 28 ～ 34 d。果实为长椭圆形，果形指数为 1.40，果肉白色，种子黑色，可食率 73.3%，可溶性固形物含量 12.0%。平均单果重 400 g。果实鳞片黄绿色、平直，果皮紫红色，厚度 0.30 cm。枝条平直、细长，整体绿色，边缘木栓化及缺刻明显，刺座较稀，且着生于凹陷处。外花被片末端渐尖、边缘深绿色，花瓣米白色，柱头黄色，与花药高度齐平，末端不分叉。果实营养丰富，口感一般，具有较强的抗旱性。

　　晶红龙平均亩产 1 250 ～ 1 500 kg。贵州省南盘江、北盘江、红水河谷海拔 700 m 以下，赤水河谷海拔 500 m 以下，年均温 18.5℃以上，常年 1 月气温高于 −1℃的区域适合种植。

图 3-2　晶红龙

三、粉红龙

粉红龙（图 3-3）是贵州省果树科学研究所从火龙果新红龙发现的芽变单株，经系统选育而成的粉红肉类型品种，于 2009 年 12 月通过贵州省农作物品种审定委员会审定。该品种每年结果 9 ～ 10 批次，从现蕾到开花 16 ～ 18 d，从开花到果实成熟 30 ～ 38 d。果实椭圆形，平均单果重 340 g，果肉粉红色，种子黑色，果形指数 1.22，可食率为 78.5%，可溶性固形物含量 11.7%。果皮红色，厚度 0.29 cm，果实鳞片成熟时为黄绿色。枝条平直、粗壮宽大，整体绿色，边缘木栓化及缺刻不明显，刺座较稀，且着生于凹陷处，肉质茎表面具白色粉状被覆物。外花被片末端较尖，边缘及中心红绿色，花瓣深黄色，柱头黄色，长于花药，末端分叉。果实营养丰富，口感较好。具有较强的抗旱性。

图 3-3　粉红龙

粉红龙产量偏低。贵州省南盘江、北盘江、红水河谷海拔 700 m 以下，赤水河谷海拔 500 m 以下，年均温 18.5℃以上，常年 1 月气温高于 −1℃的区域适合种植。

四、黔果 1 号

黔果 1 号（图 3-4）是贵州省果树科学研究所于 2008 年发现紫红龙的优质变异单株，经观察鉴定选育而成，2015 年 6 月通过贵州省农作物品种审定委员会审定。该品种植株长势强。肉质茎缺刻明显，整体绿色，无覆盖物，嫩梢红色。刺针状，刺座周围木栓化，着生于肉质茎凹陷处。花上端的长外花被末端渐尖、边缘紫红色，花基部的小外花被边缘及中心有红线，无皱褶；内花被白色。柱头细长，末端不分叉，淡黄色。柱头比花药长。果实椭圆形，果蒂端开口小且深，果肉紫红色，种子黑色，果形指数 1.31，平均单果重 460 g，最大单果重 786 g，可食率 81.6%，可溶性固形物含量 13.6%，可滴定酸 0.37%。果实着色好，不易裂果，风味浓。三年生果园平均亩产 1 089.6 kg。

图 3-4　黔果 1 号

适宜在贵州省南盘江、北盘江、红水河河谷海拔 600 m 以下（主要包括罗甸县、望谟县、贞丰县、册亨县、关岭县、镇宁县、安龙县）、常年 1 月气温 0℃以上的区域种植。

五、晶金龙

晶金龙（图 3-5）是贵州省果树科学研究所用罗甸火龙果园中的晶红龙单株芽变选育而成的白肉类型品种，2016 年 6 月通过贵州省农作物品种审定委员会审定。该品种枝条平直、粗壮，缺刻不明显，刺座朝上，边缘木栓化；花呈筒状，雌蕊柱头花丝较长，花萼绿色，底部花萼短小，外花被顶端微红。果实近圆形，果形指数为 1.12，鳞片基部红色，尖端绿色，果皮深红色。平均单果重 320 g，可食率 68.3%，可溶性固形物含量 13.0%，钙含量 104.29 mg/kg。果肉白色，风味清香、味甜，近果皮处有红色丝状物。年结果 8 批次左右。果实营养丰富，口感较好。经过 3 年区试统计，平均亩产 1 684.3 kg。

图 3-5　晶金龙

适宜在贵州省南盘江、北盘江、红水河河谷海拔 600 m 以下、温度 0℃ 以上的区域种植。

六、桂红龙 1 号

桂红龙 1 号（图 3-6）火龙果是广西农业科学院园艺研究所、博白县农业技术推广中心、博白县东平镇新业火龙果种植专业合作社共同从普通红肉火龙果选育的芽变单株。2014 年通过广西非主要农作物品种审定。该品种不需要人工授粉。果实近球形，果实较大，纵径 8.0 ～ 12.5 cm，横径 7.0 ～ 12.0 cm，鳞片浅绿、较长、中等厚、不反卷，鳞片顶部呈紫红色；不易裂果；平均单果重 533.3 g。果皮玫瑰红色，厚度 0.30 ～ 0.36 cm。果肉深紫红色，肉质细腻，易流汁，味清甜，略有玫瑰香味，中心可溶性固形物含量 18.0% ～ 21.0%，边缘可溶性固形物含量 12.0% ～ 13.5%，品质优良。种子黑色，中等大，较疏。在自然授粉情况下，二年生平均亩产 1 064.78 kg，三年生平均亩产 1 856.54 kg，四年生平均亩产 2 869.75 kg。

图 3-6　桂红龙 1 号

七、美龙 1 号

　　美龙 1 号（图 3-7）火龙果是广西农业科学院园艺研究所、广西南宁振企农业科技开发有限责任公司从越南引进的哥斯达黎加红肉和白玉龙杂交组合后代实生苗中筛选出的优良单株。2016 年通过广西非主要农作物品种审定。该品种树冠圆头形，枝条绿色、较细，边缘有褐色棱边，分枝性中等。花冠大型，花萼筒大小中等，花瓣白色，雌蕊比雄蕊略长，自然结实。果实椭圆形，平均纵径 12.4 cm、横径 8.6 cm，平均单果重 525 g，果皮鲜红色、厚度 0.24 cm，鳞片较长，绿色或黄绿色；果肉大红色，可食率 76%，果肉中心可溶性固形物含量 20.1%，边缘可溶性固形物含量 14.9%，肉质脆爽，清甜微香。

图 3-7　美龙 1 号

八、美龙 2 号

美龙 2 号（图 3-8）火龙果是广西南宁振企农业科技开发有限责任公司从红翠龙选育的芽变后代，于 2014 年 7 月通过广西壮族自治区非主要农作物品种登记。该品种为自花授粉品种，植株生长势中等，枝条粗壮，略有波纹。果实近球形，果皮红色带紫，皮厚，鳞片宽；500 g 以上的大果率约 61%，单果重 500～1 000 g，最大单果重 1 000 g 以上。果肉紫红色，可溶性固形物含量 20%，肉质细滑，味清甜，品质优。常温货架期 5～7 d，不裂果，成熟留树期 10～30 d，综合抗病力中等。在广西南宁露地栽培，头批果 6 月中旬成熟，末批果于 12 月上旬成熟，夏季花后 30～35 d 果实成熟。该品种果型较大。丰产、稳产，果实品质佳，可食率约为 84%，耐贮性好。种植后第二年就可开花结果，正常管理的条件下亩产 600～750 kg，第三年进入旺果期，亩产 1 400～2 300 kg，肥水管理较好的，亩产可达 3 200 kg 以上。

图 3-8 美龙 2 号

九、莞华红

莞华红（图 3-9）火龙果由东莞市林业科学研究所、华南农业大学园艺学院从红水晶火龙果实生繁殖群体中通过单株优选而成。该品种植株生长比较旺盛。扦插苗定植后第二年开始结果，谢花 25～45 d 果实成熟。果实近椭圆形至球形，平均单果重 376.69 g，可食率 89.1%，果皮鲜红色，鳞片中等偏疏，果皮厚 0.2 cm。果肉紫红色，品质优良，肉质软滑，可溶性固形物含量 14.5%，总糖含量 11.3%，可滴定酸含量 0.168%。二年生和三年生亩产分别为 635 kg 和 1 737 kg。

图 3-9　莞华红

十、粤红火龙果

　　粤红（图 3-10）火龙果由广东省农业科学院果树研究所、连平县大福林农业有限公司从莲花红 1 号火龙果繁殖群体芽变单株中选育而成。粤红火龙果植株生长旺盛，嫁接或扦插苗定植后第二年开始结果，谢花 25 ～ 40 d 果实成熟。果实椭圆形，整齐均匀，80% 以上果实平均单果重大于 400 g。果皮浅红色，鳞片较稀疏，果皮厚 0.34 cm。果肉紫红色，品质优良，肉质爽脆、酸甜适中。

图 3-10　粤红

十一、大红

大红火龙果（图3-11）是20世纪90年代我国台湾选育出来的红肉火龙果优良品种，属自交亲和型。大红品质优良，深受广大果农喜爱，在台湾火龙果产区进行了大面积推广种植。近年来，广西、广东等地先后从台湾引进大红火龙果种植。2009年福建省农业科学院果树研究所从广东引进种植。大红火龙果植株长势强、早果性好，生产上可免人工授粉，自花授粉率100%。果形指数1.13，果皮上的鳞片分布较稀，且较粗短。平均单果重428.7 g，最大可达620.0 g。果肉红色，可溶性固形物含量15.6%～21.0%，可食率68%～79%。耐贮运，在常温下可贮放15 d左右。丰产性好，丰产时亩产可达3 000 kg以上。

图3-11　大红

十二、金都一号

金都一号（图3-12）火龙果是广西南宁金之都农业发展有限公司从中南美洲火龙果原种与红肉种的杂交后代中选育而成，自花授粉，果实长圆形至短椭圆形，平均单果重524 g，平均纵径11.2 cm、平均横径9.6 cm；果萼鳞片短且薄，顶部浅紫红色；成熟果皮深紫红色，厚度2.19 mm，果肉深紫红色，肉质柔软细腻多汁，果心可溶性固形物含量18.1%～21.2%，总糖（以葡萄糖计）10.2%，味清甜，总酸（以柠檬酸计）0.20 g/100 g，种子黑色，芝麻状，可食用，可食率70.3%～80.1%，品质优。目前在广东、广西、海南等省（自治区）有大量种植。

图 3-12　金都一号

十三、嫦娥 1 号

嫦娥 1 号（图 3-13）火龙果是从我国台湾地区引进的需人工授粉的普通红肉火龙果群体中、筛选出具有不需要人工授粉，自然授粉结实率高的芽变单株。果实近长圆形，果实中等大，纵径 11 cm、横径 9 cm，鳞片 31 枚、不反卷；不裂果，平均单果重410 g，果皮玫瑰红色，皮厚 0.2 ～ 0.5 cm，可食率 75.1%，果肉中心可溶性固形物含量 20.4%，边缘可溶性固形物含量 13.8%；果肉深红色，肉质细腻，汁多，味清甜，品质优。

图 3-13　嫦娥 1 号

十四、蜜红

蜜红（图3-14）为我国台湾选育的火龙果良种，自花授粉，果实长圆形至椭圆形，平均单果重650 g，最大可达1 540 g，成熟果皮深紫红色，较薄，厚度1.58 mm，果肉深紫红色，肉质软脆多汁，果心可溶性固形物含量18%～23%，总糖11.3%，味甜，总酸（以柠檬酸计）0.10%，维生素C 10.3 mg/100 g，种子黑芝麻状，可食用，可食率77%～83.3%，口感好，品质优。扦插苗定植后第一年部分植株初产果，第二年开始投产，株产4 kg，第三年进入盛果期，株产6.6 kg，无大小年。

图3-14　蜜红

十五、富贵红（450）

富贵红（图3-15）为我国台湾选育的品种，自花授粉，果实椭圆形，平均单果重445.6 g，最大可达1 000 g以上，果皮较薄，厚度2.34 mm，呈玫瑰红，色泽艳丽，外着生有红色肉质叶状鳞片，边缘及片尖呈绿色，不规则排列，果肉紫红色，肉质软脆，汁多，果实可溶性固形物含量在不同果肉部位有明显差异，一般以果心处较高，可达16%～21%，产期越晚的果实糖度有提高的现象，黑芝麻状种子可食用，可食率68%～81%，品质优。

图 3-15　富贵红

十六、白玉龙

　　白玉龙火龙果（图 3-16）由我国台湾地区引进，果实椭圆形至长圆形，平均单果重 425 g，最大果重 1 000 g；果皮紫红色，有光泽，厚度 2.2 ～ 2.3 mm，其上着生软质绿色鳞片 22 ～ 28 片，细长、较薄，不规则排列；果肉白色，平均可溶性固形物含量 11.6%，平均总酸含量约 0.61%，每 100 g 果肉平均维生素 C 含量为 8.14 mm，肉质清脆、多汁，甜中略带微酸；肉间密生黑芝麻状种子，种子细软，可食用，品质中等。

图 3-16　白玉龙

十七、白水晶

白水晶火龙果（图 3-17）为红皮白肉型品种，自交不亲和。花期是 5—10 月，开花后 30～45 d 成熟。果带刺，刺长且数量少，易脱落；平均单果最重约 200 g，果肉白色，当成熟时，果肉变为半透明，如同果冻和水晶一般，果实可溶性固形物含量可达到 18%～22%，肉质软滑、口感好、风味佳。

图 3-17　白水晶

十八、青龙

青龙火龙果最佳风味期间的果皮色仍为绿色，但挂果 50 d 以上，果皮色会转为不均匀的红色，肉色有红色与白色 2 种（青皮白肉与青皮红肉），果实风味淡薄。本品系的果皮虽具特色，但因采收成熟度不易判定，并且考虑到消费者的接受性，种植者很少。

1. 青皮白肉

青皮白肉火龙果（图 3-18）的肉植株长势较旺，花红色，果椭圆形，果皮绿色且较厚，鳞片绿色、较脆，果肉白色，果重 200 g 左右；品质特优，口感清脆，肉质细腻软滑、清甜，有一种特殊的香味，口感极佳，可溶性固形物含量 20% 以上。青皮白肉火龙果自交不亲和，需要异花授粉，否则果较小，产量低。

图 3-18　青皮白肉

2. 青皮红肉

　　青皮红肉火龙果（图 3-19）花瓣乳白色，花被绿色；果椭圆形，果皮和鳞片绿色；果大，果重 430 g 左右；果肉红色，中心可溶性固形物含量 16% 左右，肉质软滑、多汁，品质一般。在夏季，青皮红肉从现花蕾至花开放需要 16～18 d，花谢后 30～35 d 果实成熟。果皮由绿色转成绿中带红时表示果实成熟过度，果肉会变质而不能食用。青皮红肉火龙果果实大，产量高，品质一般，果实成熟时果肉中心易腐烂。

图 3-19　青皮红肉

十九、以色列黄龙

以色列黄龙（图 3-20）源自以色列，自花授粉品种，色泽金黄、耐储运。该品种个头大、无裂果，产量高且口感好，具有抗病、耐旱、耐寒，亩产量高等优点，亩产 2 000 ～ 2 500 kg，果期在每年的 6—12 月。

图 3-20   以色列黄龙

二十、燕窝果

燕窝果（图 3-21），原产于中美洲。黄皮白肉，花果带刺，抗病性弱。果实成熟期长，从开花到果实成熟，需要 4 ～ 5 个月的时间，单果也比普通红心火龙果轻，平均约 200 g，果肉结构呈细丝状，滑如燕窝，香甜可口。

图 3-21   燕窝果

第四章

>>> 火龙果种苗繁育技术 <<<

火龙果产量的多少、果实品质的好坏和选苗、育苗密不可分，火龙果的育苗方法有 3 种：扦插育苗、嫁接育苗和组培育苗。火龙果育苗时要求苗床宜选择通风向阳、土壤肥沃、排灌水方便的田块，整细作畦，苗床用洗净的细河沙和腐熟土作成，大小视地形而定。一般长 15 m、宽 2 m，这样便于操作。注意，苗床四周要砌砖密封，防止雨天养分流失。

第一节

扦插育苗

扦插育苗是火龙果繁殖育苗最常用的方法，在每年 5—10 月均可进行。

一、扦插基质选择

火龙果为肉质茎，扦插过程中基质选择不当易造成插条腐烂。研究表明，将沙、土、有机肥、蔗渣以 3 ：5 ：1 ：1 的比例混合，能为插条提供所需养分，并保证合适的含水量，插条成活率较高，根系较发达，枝梢生长快。

二、插条长度

不同的插条长度将会影响插条生根率、插条根重、插条腐烂率、苗木枝蔓的抽生及苗木的质量。研究表明，插条长度为 10 ～ 30 cm。插条越长，插条贮藏养分越多，扦插后生根快、根量大、吸收肥水能力强，幼苗生长健壮，质量好。为提高火龙果扦插育苗的成苗率和苗木品质，建议插条长度选 20 ～ 30 cm为宜（图 4-1）。

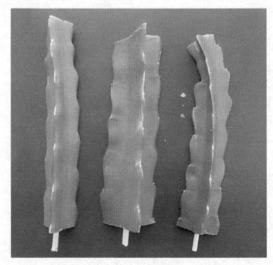

图 4-1　枝蔓插条

三、基部处理

插条基部的晾干情况及基部不同切割方式会影响插条的生根成活。

1. 基部晾干

研究表明，插条基部不晾干，插条易腐烂，腐烂率可达 45%，插条生根率也较低；晾干 5 d 腐烂率较低，为 20% 左右，且具有较高的生根率，可达 80% 左右（图 4-2）。

图 4-2　基部晾干

2. 基部切割

基部削成楔形并露出木质部 1 cm，有利于木质部形成愈伤组织再形成根，提高发根速度，其插条生根率可达 87% 左右，而基部平切插条生根率仅为 73% 左右。

3. 生长调节剂

适当使用生长调节剂可提高插条生根率。研究表明，用 600 mg/L 生长调节剂"吲哚丁酸"处理插条，生根率可达 95%。

4. 消毒处理

插条基部削成楔形，放入 50% 多菌灵可湿性粉剂 500 倍液中浸泡 10 min，取出后放在阴凉处晾干 5 d 后进行扦插。可减少根部腐烂病的发生，促进生根（图 4-3）。

图 4-3　消毒处理

四、扦插后管理

扦插后，应保持基质表面处于湿润偏干的状态，不需要浇水，避免基质的湿度太大，10 d 以后再浇水。

1. 撒农药

扦插后基质表面撒药，可用毒死蜱或辛硫磷预防蚂蚁咬食插条，扦插后 15 ～ 30 d，扦插条就会生根，待长到 3 ～ 4 cm 时就可以移植到苗床继续培育。

2. 苗床选择

选择土壤肥沃、排水良好、通风向阳的地块（图 4-4）。整地之后要起畦栽植，畦宽 90 cm，施足基肥，每亩要施用腐熟农家肥 1 500 ～ 2 000 kg，还要加入谷壳灰 1 000 kg，加施钙镁磷肥 100 ～ 150 kg，施入 4 ～ 5 cm 深的表土层中将火龙果小苗栽植在苗床，随后浇透水，喷施 50% 多菌灵可湿性粉剂 800 倍液，10 ～ 15 d 后还要追施 1 ～ 3 次复合肥，每亩 5 ～ 7 kg。待第一节茎段长出，就可以出圃移栽定植了（图 4-5）。

图 4-4 扦插苗床准备

图 4-5 扦插在苗床上的枝蔓

第二节

嫁接育苗

一、嫁接苗的特点

火龙果的嫁接是把植株的一部分枝条移接到另一植株枝条的适当部位，使两者愈合生长成新植株的繁殖方法。接在上部的枝称为接穗，承受接穗的火龙果植株称为砧木，用嫁接方法培育的火龙果苗木称为嫁接苗。

嫁接苗的地下部分是砧木发育成的根系，具有砧木根系生长发育的特点，可以通过选择砧木的方法，从而影响接穗的生长，增强嫁接苗对环境的抗逆性及适应性；也可通过选择不同类型的砧木来影响火龙果植株的性状。

火龙果嫁接苗繁育有以下优势：提高植株的抗逆性及适应性；高接改换良种；加快良种苗木繁殖。

二、嫁接的生物学原理

接穗及砧木的愈合是嫁接成活的关键。愈合过程分为嫁接部位薄壁细胞的生成、愈伤组织的形成、新形成层的形成、新维管组织生成、新木质部与韧皮部的生成几个步骤。嫁接时，具有分生能力的火龙果接穗，紧密地放到刚切开的砧木切口中，使两者的形成层紧紧地靠接在一起。在适宜的温度和湿度条件下，接穗与砧木伤口处形成层部位的细胞会大量增殖，产生新的薄壁细胞。新生成的薄壁细胞，分别包围砧、穗原来的形成层，很快使两者相互融合在一起，形成愈伤组织。新愈伤组织的边缘，与砧、穗二者形成层相接触的薄壁细胞进一步分化，形成新的形成层细胞。这些新形成层细胞离开原来的砧、穗形成层不断向里面分化，穿过愈伤组织，直到与砧穗间形成层相接，形成一种新的形成层。这些新形成层细胞分化产生新的维管组织，并向内产生新木质部，向外产生新韧皮部，实现了砧穗之间维管系统的连接。影响火龙果嫁接成活的因素较多，通常有以下几点。

（一）嫁接亲和力及生活力

亲和力是指嫁接中砧木与接穗之间通过愈伤组织愈合在一起，形成新植株的能力。如果砧穗间没有亲和力，嫁接苗不能成活。亲缘关系近的种质，亲和力强。具有亲和力的嫁接组合中，砧木与接穗的生活力也是影响嫁接成功的内在因素，如果砧、穗生活力遭到破坏，同样也不会嫁接成功。

（二）外界环境条件

1. 温度和湿度

温度：不同的火龙果品种愈合所要求的温度不同，但一般在25℃左右为宜。

湿度：愈伤组织的薄壁细胞既薄且软，不耐干燥。最佳的湿度是保持愈伤组织经常覆盖一层水膜，否则成活率降低。

2. 光照

光照对嫁接愈伤组织的生长具有抑制作用，在黑暗的条件下，愈伤组织生长快，长得多，有利于嫁接成活。因此，嫁接接口应遮光。

3. 嫁接技术

砧穗形成层密接，才能使双方的薄壁细胞形成愈伤组织，产生新的形成层，所以形成层密接是嫁接成活的前提和关键。此外，嫁接时务必注意远端与近端的衔接不可颠倒，接穗形态上的近端要接到砧木上的远端，否则无法正常生长。

三、嫁接育苗

嫁接育苗一般应选择在每年的5—9月的晴天进行嫁接，嫁接育苗的目的主要是改良火龙果的品种。

（一）砧木和接穗的选择

黄肉类型的火龙果砧木可选择野生三角柱（霸王花）等，红肉类型的火龙果可选择白肉类型的火龙果作砧木。选择1～2年生的三角柱，自茎节处从母体上截下，扦插在砂质较重的疏松土壤中（深度以插牢为宜），上搭阴棚，浇透水即可做砧木，约半月插活后就可进行嫁接。接穗以当年生发育较好的枝条为宜。

（二）嫁接时间

一般除冬季低温期外，其他季节均可嫁接。因为冬季阴冷潮湿时间长，嫁接时伤口不仅难以愈合，而且会扩大危及植株产生腐烂病。因此，嫁接时间最好选在3—10月，这样有充分的愈合和生长期，并且利于来年的挂果。

（三）嫁接前的药物处理

嫁接所用的小刀等都应用酒精或白酒消毒，以防病菌感染。有条件的可用萘乙酸钠溶液浸蘸接穗基部，这样既能促进愈伤组织的形成，又能达到提高成活率的目的。

四、嫁接方法

嫁接法繁殖一般是针对稀有品种和自生根能力差的品种进行的。砧木可以用霸王花或其他根系发达、抗逆性强的火龙果品种。

（一）嫁接工具

火龙果嫁接用的工具有枝剪、取芽刀、嫁接刀（水果刀、裁纸刀等）、剪刀、起子、嫁接膜、标签、铅笔等（图4-6）。为防止嫁接口感染病菌，嫁接前要用75%酒精对嫁接工具进行消毒。

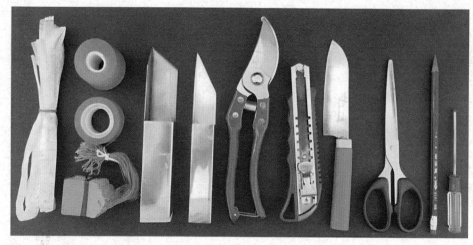

图 4-6　嫁接工具

（二）嫁接方法

火龙果嫁接方法很多，主要有平接、插接（插肉接和插心接）、芽接（刺座接）、切接、套接等。嫁接时选取的接穗和砧木要健壮、无病害，砧木和接穗之间的截断面要紧密地贴在一起。

1. 平接

选取砧木的适当部位，用嫁接刀将砧木沿肉茎的水平线切断；然后取含有 3～5 个刺座的接穗，接穗底部切口也要平滑；将接穗切口与砧木切口紧密地贴在一起，并使二者的木质部相接，用胶带或嫁接膜将接穗与砧木固定紧（图 4-7）。平接嫁接操作简单，但不易固定。

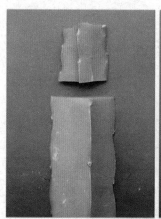

图 4-7　火龙果平接

2.　插肉接

选取砧木的适当部位，用嫁接刀将砧木沿肉茎的水平线切断；取老熟的接穗 5～7 cm，将基部 2 cm 左右的肉质去除，留下中间木质部，插入砧木靠近木质部的肉质部中，然后用细绳（线）绑缚固定（图4-8）。插肉嫁接速度快，适用于大规模嫁接。

图 4-8　火龙果插肉接

3.　插心接

选取幼嫩砧木的适当部位，用嫁接刀将砧木沿肉茎的水平线切断；取老熟的接穗 5～7 cm，将基部 2 cm 左右的肉质去除，留下中间本质部，插入砧木的小质部中，然后用细绳（线）绑缚固定（图4-9）。插心接要求接穗和砧木的木质部直径大小接近，此法适用于老熟的接穗嫁接到幼嫩的砧木上。

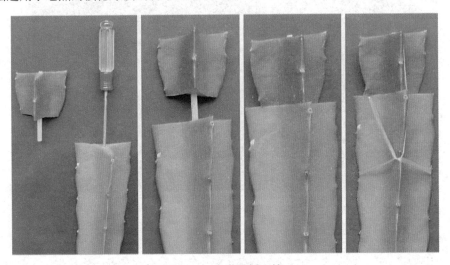

图 4-9　火龙果插心接

4. 芽接

取饱满的芽作为接穗，将接穗直接插入砧木去掉芽的位置，使二者切口紧密地贴在一起，用细绳或胶带绑牢固定（图4-10）。芽接技术要求较高，适用于嫁接珍稀品种（系）。

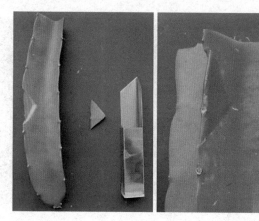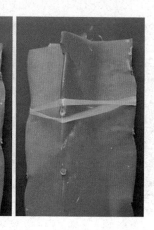

图4-10　火龙果插芽接

5. 切接

取3～5 cm的接穗，削掉一边的棱，将砧木一边的棱去掉，长度与接穗相同，然后将削好的接穗与砧木切口紧密地贴在一起，用胶带或嫁接膜缠紧固定（图4-11）。切接能使砧木与接穗紧密结合，伤口愈合快，成活率高。

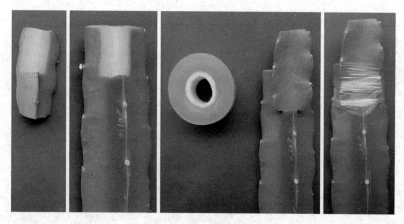

图4-11　火龙果插切接

6. 套接

选取砧木的适当部位，用嫁接刀将砧木沿肉茎的水平线切断，将顶端3 cm处的肉质去除，留下中间木质部；取3 cm长的火龙果接穗，用起子将接穗木质部去掉；然后把接穗插入砧木的木质部中（图4-12）：套接是砧木的木质部直接与接穗的肉质部相接，嫁接时要让二者紧密接触，否则成活率和抽梢率会降低。

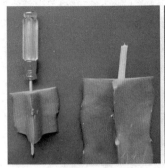

图4-12　火龙果插套接

五、嫁接苗管理要点

（1）在大棚内培养嫁接苗。大棚内温度比露地高，又能避开太阳暴晒和阴雨天气，有利于嫁接伤口愈合。

（2）保持一定的湿度。愈伤组织形成前，棚内相对湿度以70%左右为宜。湿度过低，枝条失水快，不利于伤口愈合；湿度过大，伤口易感染而腐烂。若空气过于干燥，不能采取苗床洒水或喷雾的方式增加湿度，以免水溅到嫁接口造成伤口感染，最好采用地面浇水的方式来增加空气湿度。

（3）检查成活与及时补接。温度控制在25～35℃，嫁接5～7 d后，接穗与砧木颜色接近，愈伤组织基本形成，表明嫁接已成活，之后便可进行正常的管护，否则要及时补接。

（4）及时绑缚。及时去掉砧木萌发的芽，并及时绑缚。

第三节

组织培养繁殖

组织培养法具有繁殖速度快、系数高、周期短、占用空间小、能周年安排生产等优点，可在短期内获得大量的优良无病种苗。火龙果组织培养快速繁殖过程如下。

一、无菌体系的建立

取生长于温室里一年生健壮火龙果枝蔓，用软毛刷蘸少许洗洁精轻轻刷洗火龙果新生枝蔓，用自来水冲洗 30 min；在超净工作台上，切成 3～4 cm 长，用 75% 酒精处理 1 min，然后用 0.1% 升汞溶液消毒 10 min，再用无菌水冲洗 5 次，去掉茎段两端与药液接触的部分，再将茎段接种于没有附加任何激素的 MS 培养基上（图 4-13a），待芽长至 5～6 cm 时即可用于增殖实验（图 4-13b）。

图 4-13　无菌体系的建立
a. 刚接种的外植体（茎段）；b. 用于增殖的外植体

二、增殖

取 MS 培养基上长势一致的外植体定芽，去掉根、气生根和顶端生长点，切成 0.5 cm 长（图 4-14a），以形态学下端垂直接种于增殖培养基 MS ＋ ZT3 mg/L ＋ IBA0.5 mg/L 上，一个月后继代到新的增殖培养基上（图 4-14b），继续培养一个月，株高达 2 cm 以上，繁殖系数达 6 以上（图 4-14c）。

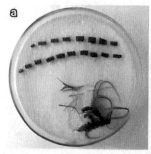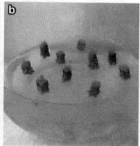

图 4-14　外植体的增殖
a. 将外植体切成 0.5 cm 长；b. 将外植体接种于增殖培养基上；c. 培养 2 个月后外植体的增殖情况

三、生根培养

取约 2.5 cm 长芽，去掉气生根，接种在生根培养基 MS ＋ 0.5 mg/LIBA 上，培养 30 d，生根率达 100%（图 4-15）。

图 4-15　诱导外植体生根

四、炼苗移栽

用水将火龙果组培苗根部的培养基洗干净，移栽到湿润的泥炭土中，用喷雾器进行喷雾保湿 7 ～ 10 d（注意不要浇水，否则极易烂根），小苗成活率可达 100%。当小苗长至 30 cm 高时，即可种植到大田，正常管理下，15 ～ 16 个月即可开花结果（图 4-16）。

图 4-16　外植体移栽

第五章

>>> 火龙果建园与定植技术 <<<

第一节

园地选择与规划

一、园地选择

火龙果为多年生经济作物，在建园时选择适宜的火龙果栽培园地非常重要，应重视以下几个条件。

（一）气候条件

火龙果原产于巴西、墨西哥等美洲热带沙漠地区，其耐寒性较差，温度是决定火龙果建园地点选择的最主要的因素。火龙果的种植区域年均温理论上应不低于18.5℃，但随着设施栽培技术的不断提高，年均温的影响已经不再重要。影响火龙果种植最关键的因素是最冷月的最低温及低温的持续时间。火龙果幼苗和成龄树的枝条在0℃和-2℃即会表现出明显的寒害症状，在短暂的低温后温度回升，寒害的症状就会消失；火龙果枝条在-4℃下会直接死亡，而在0℃下持续20 d会出现死亡。

（二）土壤条件

火龙果对土壤的要求不是特别严格，不论是砂壤土、黏质壤土或其他土壤类型均可生长，以排水良好、土层达30 cm以上深度的砂质壤土为最佳。但火龙果根系较浅，最好选用疏松透气的土壤，利于根系呼吸。

火龙果对土壤pH的适应范围较广，在弱酸性或碱性土壤中均可生长良好。但是贵州省果树科学研究所在pH值为8.6的土壤上也成功地种植了火龙果，且生长良好。

（三）水源条件

火龙果虽然耐旱，但果实生长周期短，仅30 d左右，年结果批次多达8～15批，果实生长发育期间所需水分较多，因此选择园地须考虑水源条件。

（四）交通条件

火龙果果实属浆果，不耐贮运。在选择园地时，应选择交通便利的区域建园。

二、园地规划

（一）道路系统

为了田间作业和运输的方便，全园要分成若干个小区，区间由道路系统相连接，园中应设有 4.0 ～ 6.0 m 宽的主干道，贯通全园的各个小区。区间由 2.0 ～ 3.0 m 宽的机耕道相连，机耕道与宽 1.5 ～ 2.0 m 的作业道相连，机耕道与作业道相互垂直。地形变化较大的小区面积要小一些，一般 15 ～ 30 亩，地形变化小的小区面积可以扩大，一般每个小区 30 ～ 45 亩。每个大区包括 5 ～ 10 个小区，道路系统所占土地面积为总面积的 5% ～ 6%。小区面积越大，道路系统占地面积的比例越小，所以在环境条件许可时，小区面积可以适当大些。平地小区一般以长方形为好，宽 100 m、长 200 ～ 300 m。缓坡地段，行向由南北延伸，以使植株能较均匀地接受阳光照射。较陡的坡地，行向要与等高线平行，以配合水平耕作，其作业道一般采用台阶式，与梯面垂直。

（二）排灌系统

火龙果耐旱怕涝，需排灌系统，在建园的同时应设计建造排灌设施。

1. 排水系统

火龙果表土层积水 7 ～ 10 d 即会导致根系和根部肉质茎的腐烂，随着时间的延长便会导致整个植株的死亡，在建园时，应避免选用地下水位高的地块。平地和缓坡地，可在园内每隔 15 ～ 20 m 挖一条宽 0.4 ～ 0.6 m、深 0.3 m 的顺水明沟，即可排水，或者直接采用起垄栽培法栽种。开挖好的梯田，可在梯带内侧挖宽 0.4 ～ 0.6 m、深 0.3 m 的排水沟。

2. 灌溉系统

近年来，随着喷灌、滴灌和渗灌等先进灌溉技术的开发和应用。火龙果园区的灌溉大部分使用滴灌系统进行灌溉。滴灌是将水增压、过滤，通过低压管道送到滴头，以点滴的方式，经常地、缓慢地滴入火龙果根部附近，使植株主要根区的土壤经常保持最适含水状况的一种先进的灌溉方式，该种灌溉方式比常规漫灌可省水 80% ～ 90%，而且不会因土壤含水量过高导致火龙果根系及根部肉质茎腐烂。

面积大的果园可以采用水肥一体化技术。水肥一体化又称灌溉施肥或水肥耦合，是集成灌溉与施肥，实现水肥耦合的一项农业技术。其通过施肥装置和灌水器，均匀、定时、定量地将肥水混合液输送至作物根系附近，实现水和肥的一体化利用与管理。在每个基地开挖 3×10^4 m³ 的水塘，分别设置 5 个 50 m³ 的水肥混合池，并将其分布于 5 个中心点，然后在水田里布置三级管道，分别是主管、支管和内镶式压力补偿滴灌管，这样可以满足火龙果树对水源的需求。需要注意的是主管和支管都是地埋管道，内镶式压力补偿滴灌管属于地面移动式管道，每亩地的管道长度为 50 m 左右。

第二节
定植

一、搭架栽培

火龙果枝条呈三棱柱或四棱柱状,枝条上长有气生根,枝条靠气生根吸附于固定物向上攀缘生长,因此,火龙果生产需要采用搭架栽培。目前,火龙果搭架栽培方法有很多,生产上常见的模式主要有6种:立柱搭架栽培、"A"形管架式稀植栽培、"A"形管架式矮化密植栽培、"T"形搭架栽培、双杆式搭架栽培、越冬防寒搭架栽培。

(一)立柱搭架栽培

柱状栽培所采用的柱子材料主要为石柱或水泥柱,水泥柱的柱行距:平地2.5 m×2.5 m,每亩竖水泥柱约106根,每亩种植424株,水泥柱规格10 cm×12 cm×200 cm,水泥柱植入土中50 cm左右,周围用石头或者水泥浆固定,水泥柱地上高度约为150 cm。在水泥柱距离上端约5 cm处预留两个对穿孔,用径粗1.2～1.5 cm、长60 cm左右的钢筋穿过后形成十字形,上置一个废弃轮胎并固定住或在柱顶加一个直径70 cm的铁圈固定;火龙果植株长至与水泥柱平行时将头剪掉,此时植株就不往上长,将会横向发出很多横端枝茎,往下垂,十字架轮胎用于支撑下垂的叶茎和果实(图5-1)。这种栽培方式适合露地栽培,成本较低。

图5-1 立柱搭架栽培

(二)"A"形管架式稀植栽培

在"A"形管[厚度0.12 cm,直径1英寸(1英寸≈0.33m,全书同)]架支撑下,

A 形架地面两脚撑开距离 70 cm，两根钢管交叉点垂直距离地面 1.7 m，相邻 2 个 A 形架相距 2.4 m，一畦种一行火龙果，行距 3.1 m，株距 0.6 m，每亩种植 358 株（图 5-2）。为了充分利用土地，在第一年、第二年果园空地间种西瓜、花生等经济作物，获取一些较低的经济收入，并且可以防止水土流失。

图 5-2 "A"形管架式种植栽培

（三）"A"形管架式矮化密植栽培

一畦宽度 1.7 m，畦间沟宽 0.5 m，在 "A" 形管（厚度 0.12 cm，直径 1 寸）架支撑下，"A" 形架地面两脚撑开距离 65 cm，两根钢管交叉点垂直距离地面 1.2 m，相邻 2 个 "A" 形架相距 1.7 m（用钢管连接），一畦种两行火龙果，行距 50 cm，株距 15 cm，每亩种植 4 040 株（图 5-3）。该栽培模式便于机械化操作，可以充分利用土地空间和光照，在较短的时间内获得较高的产量和经济效益，并长期保持在高产、稳产、高经济效益的状态。

图 5-3 "A"形管架式矮化密植栽培

（四）T形搭架栽培

T形架主要由一排若干个纵向平行的T形架通过中间一条钢管焊接和两端钢丝绳连接而成，具体做法是：将一根水泥柱立于畦中间，竖直入地100 cm，入土的水泥柱周边用石头和土填埋固定，在距离顶端10 cm处留有一个横孔，用一根长70 cm的螺纹钢筋横穿，与水泥柱形成"T"形，露在水泥柱两边的钢筋长度均为30 cm，并用其他填充材料将孔隙塞紧，相邻的两个T形架间距150 cm，然后用一根镀锌钢管焊接在横向螺纹钢与水泥柱交叉处，将纵向的数个T形架连接固定在一起，在钢筋两端上方各焊接一个U形的钢丝绳卡头，与T形架处在同一个平面上，在一排T形架的首尾两端，分别用两段钢管将首尾两个T形架的横向钢筋的末端与其相邻的T形架的横向钢筋靠近水泥柱10 cm处焊接在一起，将镀锌钢丝绳将同一排T形架两端的U形槽连接在一起，拉紧，在钢丝绳两端的接头处用钢丝绳卡头铰紧，并在每个U形槽内的钢丝绳上方放入卡片，并将两脚的螺帽锁紧，把钢丝绳牢牢地固定在每个U形槽内（图5-4）。

图5-4　T形搭架栽培

（五）双杆式搭架栽培

双杆式搭架栽培的架子主要由一排若干个纵向平行的梯形架通过两条平行的钢管焊接而成，具体做法是：将2根石条成等边梯形状斜插入土中，石条周边用碎石块固定，梯形两顶端相距60 cm，下端两脚相距80 cm，石条上端垂直距离畦面120 cm，梯形上边用一根60 cm长的圆形钢管将石条两顶端的螺丝焊接连接固定在一起，该梯形架与纵向相邻梯形架间距150 cm，两个梯形架两端分别用2根钢管焊接在一起，依此类推，一排梯形石条钢架就此成形，定植时，在下端两脚中间种植一排火龙果优质扦插苗，株距50 cm，并在扦插苗边上插一根竹竿，用布条将火龙果主枝绑在竹竿向上生长，当火龙果主干长至120 cm高时，打顶促进侧枝萌发向两侧钢管方向（靠近钢管）生长，并将侧枝用布条固定在钢管上，当侧枝靠在边上钢管下垂生长约80 cm时打顶促进侧枝老熟生长（图5-5）。

图5-5　双杆式搭架栽培

（六）越冬防寒搭架栽培

由一排若干个插地平行U形钢架通过4根横向钢筋相互焊接而成，这4根横向钢筋除了连接固定、保证架子整体的稳定性外，最顶上的横杆在盖塑料膜时还起支撑作用，中间横杆还起着支撑火龙果植株作用，所承受的作用力较大，左右两边最下方两根横杆还作为火龙果下垂枝条依靠用，整个所有搭架材料均为螺纹钢，弯成U形，每个U形架的肩部用钢筋相连焊接，两个相邻U形架肩部中间用螺纹钢焊接，各个连接点均用电焊焊接固定，保证整个架子的稳定性（图5-6）。在冬天气温较高、冻害程度较轻的地方，可以用白色塑料布将整个架子半包至最下端横杆，用透明胶或自锁式尼龙扎带将塑料布固定在最下端横杆上，主要防止偶尔发生的霜降直接接触到火龙果枝条，避免发生冻害。待翌年春天气温升高时，卸下塑料布回收入库再利用，然后将移离横杆的枝条重新均匀地披在最下端两边的横杆上，开始新一年的火龙果生产。

图 5-6　防寒搭架栽培

二、定植

　　火龙果肉质须根发达，无主根，根系大量分布在浅表土层，同时枝条长有大量的气生根，土壤透气性好，故种植时以浅植 3～5 cm 为宜。种植前要在 A 型架正下方挖一条深约 10 cm、宽约 20 cm 的定植穴，穴内施入腐熟有机肥与土壤拌匀，有机肥施用量 1.5 kg/ 株，按株距间隔插竹竿，每根竹竿旁种植 1～2 株健壮的扦插苗，引导植株上架，每隔 30 cm 用布条绑缚（图 5-7 至图 5-9）。

图 5-7　露天定植

图 5-8　大棚定植

图 5-9　覆草定植

第三节

// 幼苗的管理 //

一、水分管理

由于火龙果耐旱怕浸，幼苗生长迅速，温湿度很重要，温度要在 20～34℃，湿度要在 60%～80%。定植初期每隔 2～3 d 浇水一次，保持土壤湿润和良好的透气性，促进新根的生长发育，雨季应及时排水。

二、施肥

种植火龙果一般第二年就能开花结果。为了保证定植的火龙果快速生长，必须加强施肥管理，保证养分充足供应。幼苗种植成活后，每15～20 d根部施一次肥，以磷酸二铵为主，适当补充尿素、有机肥、生物菌肥和钾肥，一般每次每株施磷酸二铵25～50 g、生物有机肥50～75 g、过磷酸钙或钙镁磷肥25～50 g、硫酸钾15～20 g，将肥料充分搅拌混合均匀后，均匀撒施在火龙果幼苗根部周围的土壤中，再培上一层厚8～10 cm的泥土，将肥料覆盖住即可。也可以每株施氮磷钾水溶肥25～30 g、氨基酸活性液肥30～50 g、复合生物菌肥50～75 g、磷酸二氢钾25～30 g，兑水稀释后，均匀淋施在火龙果幼苗根部周围的土壤中，以水分完全渗透入泥土中不外流为宜。另外，在根部施肥的同时，还要进行根外追肥，从叶面补充各种营养元素。一般每7～10 d叶面喷洒一次叶面肥（可选择尿素、芸苔素、黄腐酸或氨基酸等其中的1～2种），均匀喷湿所有的叶片，以开始有水珠往下滴为宜。

三、修剪

6个月后，小苗长成中苗，中苗高1.3～1.4 m时开始分枝，每株4～6个分枝条，枝条长到1.2～1.3 m时封顶，封顶后的枝条很快丰满起来，长出花蕾，此时已有14个月，就开始开花结果。第一年结果不会很多，因此不用剪枝，冬季要控制温度，枝条上不能留新芽，以免影响来年产量。第二年秋后开始剪枝，剪去结果后的老枝，留下新枝，此时遇高温，新枝快速生长，来年增产增收，果树已到盛果期。

四、摘心

当幼苗枝条长到1.3～1.4 m时摘心，以促进分枝，并让枝条自然下垂，以积累养分，提早开花结果。有利于早果丰产。每株留枝不超过10根，每根枝条留1个果。结果3年的老枝剪除，让其重新长新芽。

第六章

>>> 火龙果田间管理技术 <<<

第一节

土肥水管理

一、土壤管理

火龙果的根系从土壤中吸取养分和水分以供其正常生长和开花结果的需要。土壤的营养水平关系到火龙果生长发育状况，土壤结构则决定养分对火龙果植株的供给。土壤管理的目的就是要创造良好的土壤环境，使分布其中的根系能充分地行使吸收功能。这对火龙果植株健壮生长、连年丰产稳产具有极其重要的意义。

土壤管理制度是指火龙果株间和行间的地表管理方式。合理的土壤管理制度应该达到的目的是维持良好的土壤养分和水分供给状态，促进土壤结构的团粒化和有机质含量的提高，防止水土和养分的流失，以及保持合适的土壤温度。

（一）清耕法

清耕法，指在果园内除火龙果外不种植其他作物，利用人工除草的方法清除地表的杂草，保持土地表面的疏松和裸露状态的一种果园土壤管理制度。清耕法一般在秋季深耕，春季多次中耕，并对火龙果园土壤进行精耕细作。

清耕法的优点是可以改善土壤的通气性和透水性，促进土壤有机物的分解，增加土壤速效养分的含量，而且经常切断土壤表面的毛细管可以防止土壤水分蒸发，去除杂草可以减少其与果树对养分和水分的竞争。缺点是长期采用清耕法会破坏土壤结构，使有机质迅速分解从而降低土壤有机质含量，导致土壤理化性状迅速恶化，地表温度变化剧烈，加重水土和养分的流失。

（二）生草法

生草法是在火龙果园内除树盘外，在行间种植禾本科、豆科等草种的土壤管理方法。它可分为永久生草和短期生草两类，永久性生草是指在果园苗木定植的同时，在行间播种多年生牧草，定期刈割、不加翻耕；短期生草一般选择一、二年生的豆科和禾本科草类，逐年或越年播于行间，待果树花前或秋后刈割（图6-1）。

图 6-1　生草栽培

　　生草法可保持和改良土壤理化性状，增加土壤有机质和有效养分的含量；防止水土和养分流失；促进果实成熟和枝条充实；改善果园地表小气候，减小冬夏地表温度变化幅度；还可降低生产成本，有利于果园机械化作业。因此，生草法是欧洲及美国、日本等发达国家广泛使用的果园土壤管理方法。我国果园通常间作一、二年生绿肥作物，自 20 世纪 70 年代后开始推广永久性生草法。

　　生草法尽管有很多优点，但造成了套种植物和多年生草类与果树在养分和水分上的竞争。在水分竞争方面，以持续高温干旱时表现最为明显，果树根系分布层（10 ～ 40 cm）的水分丧失严重；在养分竞争方面，对于果树来说以氮素营养竞争最为明显，表现为果树与禾本科植物的竞争激烈，但与豆科植物的竞争不明显。此外，随着果树树龄的增大，与生草植物间的营养竞争减少。

　　（三）覆盖法

　　覆盖法是利用各种覆盖材料，如作物秸秆、杂草、薄膜等对树盘、株间，甚至整个行间进行覆盖的方法（图 6-2 至图 6-4）。在用作物秸秆和杂草覆盖时，覆盖厚度一般为 20 cm 以上。常见的覆盖方式有两种，一是整年覆盖，作物秸秆和杂草等覆盖物经过一定时期会逐渐腐烂减少，腐烂后再换新草；二是间断覆盖，采用作物秸秆和杂草覆盖一定时期后将其埋入土内，然后再更换新的覆盖物。此外，在早春薄膜覆盖可提高土壤温度、抑制杂草生长，在后期覆盖银色反光膜，可增进果实着色。

图 6-2　覆盖地膜和谷壳

图 6-3　覆盖海蛎壳

图 6-4　覆盖地膜和基质

在果树树盘和行间进行覆盖，可以防止土壤水土流失和侵蚀，改善土壤结构和物理性质，抑制土壤水分的蒸发，并调节地表温度。覆盖材料通常采用秸秆、杂草和塑料薄膜。有机覆盖物可使土壤中的有机质含量增加，促进团粒结构的形成，增强保肥保水能力和通透性能。与生草法相比较，覆盖对表土层的作用更明显，而生草对下层土的作用则更明显。由于有机覆盖物的导热率小，因此，地表温度受外界气温变化的影响也小，但因为春季升温慢，新梢停止生长期以及果实着色与成熟期略为延迟。如用薄膜覆盖，需根据薄膜的使用寿命进行更换，薄膜覆盖除了具备有机物覆盖的优点外，在提高早春土壤温度、增加果实着色、提高果实含糖量、提早果实成熟期、减轻病虫和杂草危害方面更具突出效果。覆盖银色反光膜不但在增进果实着色和提高果实含糖量方面更加明显，还可促进果树的花芽分化。

采用有机物覆盖需草量大，有时易招致虫害和鼠害；长期采用有机物覆盖，易导致根系上浮，由于根系浅生，在土壤水分急剧减少时易引起干旱。使用含氮少的作物、杂草或秸秆进行覆盖时，因微生物的消耗，早期会使土壤中的无机氮减少。

（四）清耕覆盖法

为克服清耕法与生草法的缺点，可以在果树最需要肥水的前期保持清耕，而在雨水多的季节间作或生草以覆盖地面，以吸收过剩的水分和养分，防止水土流失，并在梅雨期过后、旱季到来之前刈割覆盖，或沤制肥料，这一土壤管理制度称为清耕覆盖法。它综合了清耕、生草、覆盖三者的优点，在一定程度上弥补了三者各自的缺陷。

（五）免耕法

对果园土壤不进行任何耕作，完全使用除草剂来除去果园的杂草，使果园土壤表面呈裸露状态，这种无覆盖、无耕作的土壤管理制度称为免耕法。免耕法保持了果园土壤的自然结构，有利于果园机械化管理，且施肥灌水等作业一般都通过管道进行。因此，从某种意义上说，免耕法所要求的管理水平更高。

二、施肥技术

火龙果花期持续时间长，营养消耗较大，因此对肥料的需求量较大，特别是进入盛产期，更应该加强对肥水的管理。

（一）需肥规律

火龙果开花结果持续时间长，养分消耗较大，整个生育期对氮、磷、钾、镁、硼的需求比例约为100：70：150：8：3。火龙果属于喜钾作物，需钾量大。火龙果根系为水平生长的浅根系植物，无主根，侧根分布于土壤浅表层，因此，施肥应遵循

"勤施薄施"的原则，忌开沟深施，避免伤根。施肥应以有机肥为主，氮、磷、钾复合肥配合施用。1～2年生的火龙果树，要以氮肥为主，可主施磷酸氢二铵，适当补充尿素。然后3年以上的则要适当控制氮肥的施用，增加磷钾肥的比例。开花结果期间要增补微量元素肥料，如硼、锌、钙等，以提高果实产量和品质。

（二）平衡施肥

1. 平衡施肥的概念

平衡施肥就是养分平衡法配方施肥，是依据火龙果需肥量与土壤供肥量之差来计算实现目标产量的施肥量的施肥方法。平衡施肥由5个参数决定，即目标产量、火龙果需肥量、土壤供肥量、肥料利用率、肥料的有效养分含量。

平衡施肥是联合国在全世界推行的先进农业技术，是农业农村部重点推广农业技术项目之一。该技术是在枝条分析确定各种元素标准值的基础上，进行土壤分析，确定营养平衡配比方案，以满足火龙果均衡吸收各种营养，维持土壤肥力持续供应，从而实现高产、优质、高效的生产目标。

平衡施肥技术包括以下内容：一是测土，取土样测定土壤养分含量；二是配方，经过对土壤的养分诊断，结合枝条分析的标准值，按照火龙果植株需要的营养"开出药方，按方配药"；三是使营养元素与有机质载体结合，加工成颗粒缓释肥料；四是依据肥料的特点，合理施用。

2. 火龙果平衡施肥的原因

火龙果在一年和一生的生长发育中需要几十种营养元素，每种元素都有各自的功能，对火龙果园非常重要，不能相互代替，缺一不可。因此，施肥必须实现全营养。

火龙果是多年生植物，一旦定植即在同一地方生长几年至十多年，必然引起土壤中各种营养元素的不平衡，因此必须要通过施肥来调节营养的平衡关系。

火龙果对肥料的利用遵循"最低养分律"，即在全部营养元素中当某一种元素的含量低于标准值时，这一元素即成为火龙果发育的限制因子，其他元素再多也难以发挥作用，甚至产生毒害，只有补充这种缺乏的元素，才能达到施肥的效果。

多年生的火龙果对肥料的需求是连续、不间断的，不同树龄、不同土壤对肥料的需求是有区别的。因此，不能千篇一律采用某种固定成分的肥料。

目前火龙果施肥多凭经验施用，施用量过少，达不到应有的增产效果；肥料用多了，不仅浪费，还污染土壤。据研究，缺素症的重要原因之一就是土壤营养元素的不平衡。即使施用复合肥，由于复合肥专一性差，也达不到平衡施肥的目的，传统的施肥带有很大的盲目性，难以实现科学施肥的效果。

3. 平衡施肥的优点

平衡施肥可以有效提高化肥利用率。目前火龙果化肥利用率比较低，平均利用率在 30% ～ 40%。采用平衡施肥技术，一般可以提高化肥利用率 10% ～ 20%。

平衡施肥可以降低农业生产成本。目前火龙果施肥往往过量施用，多次施用，不仅增加了成本，也影响了土壤的营养平衡，影响果树的持续性生产。采用平衡施肥技术，肥料利用率高，用量减少，施肥次数减少，每亩节约生产成本 10%。

平衡施肥可显著增加单果重量，提高果实甜度和品味，使果面光洁，一级果率显著增加。平衡施肥肥效平缓，不会刺激枝条旺长，使树体壮而不旺，利于花芽形成。平衡施肥可有效防治火龙果生理病害，提高植株抗性，增强果实的耐贮运性。

（三）施肥时期与种类

1. 基肥

基肥是较长时期供给火龙果植株多种营养的基础肥料，其作用不但要从火龙果的萌芽期到成熟期能够均匀长效地供给营养，还要利于土壤理化性状的改善。基肥的组成以有机肥、土壤调理剂奥农乐为主，再配合氮、磷、钾肥和微量元素肥。基肥施用量应占当年施肥总量的 70% 以上（图 6-5）。

图 6-5　施用基肥

基肥使用时期以早秋为好，一是温度高、湿度大，微生物活动强，有利于基肥的腐熟分解。从有机肥开始使用到成为可吸收状态需要一定的时间，因此基肥应在温度尚高的秋季进行，这样才能保证其完全分解并为翌年春季所用；二是秋施基肥时正值根系生长的第三次高峰，有利于伤根愈合和发新根。

2. 追肥

追肥一般使用速效性化肥，施肥时期、数量和种类掌握不好，会给当年果树的生长、产量及品质带来严重的影响。

（1）促花肥。于4月上中旬施，每株施腐熟有机肥5～10 kg或商品有机肥2～3 kg，硫酸钾高磷复合肥1～1.5 kg，目的是促进花蕾的发育，提高开花质量。

（2）壮花、壮果肥。于6月上中旬施，每株施腐熟饼肥0.5～1 kg，硫酸钾复合肥0.5 kg，目的是壮花、促进果实增大，提高品质。

（3）重施促花壮果肥。于8月上中旬施肥，重点供应中秋果实需求。每株施腐熟饼肥1～1.5 kg，15-15-15硫酸钾复合肥0.8～1 kg，目的是促进来年多开花，促进果实膨大，提高品质。

（4）壮果、恢复树势肥。于10月上中旬施，每株施17-17-17硫酸钾复合肥0.5～1 kg，腐熟有机肥3～4 kg，目的是促进最后一批果实膨大，恢复树势，促进枝蔓生长。

3. 幼树期施肥

幼龄树（1～2年生）以氮肥为主，做到勤施薄施，以促进植株生长。施肥宜用撒施法（图6-6 a），忌开沟深施，以免伤根（图6-7 a）。采用撒施法施肥时，将肥料均匀撒于植株周围的泥面上，注意不能把肥料直接撒到植株上，以防止肥料没有完全发酵而伤根（图6-7 b）。提倡滴灌施肥（图6-6 b），滴灌施肥不但节省人工，而且肥料利用率高（肥料用量可减少40%左右），同时能不断供给根系养分，最有利于火龙果的生长。滴灌施肥每次施肥量不要超过5 kg/亩，以防止湿润带内形成高盐区域造成烧根。

a. 撒施法　　　　　　　　　　　　　　　b. 滴灌

图6-6　正确施肥方法

图 6-7　错误施肥方法

a. 开沟施肥；b. 把肥料直接撒在植株上

4. 成年结果树施肥

成年树（3 年生以上）以施有机肥为主，化肥为辅。化肥以磷、钾肥为主，控制氮肥的用量。开花结果期间要增补钾肥、镁肥和过磷酸钙，以促进果实糖分积累，提高品质。每年 7 月、10 月和翌年 3 月，每株施有机肥 4 ～ 5 kg ＋复合肥 0.2 kg 或腐熟农家肥 5 ～ 7.5 kg ＋花生饼肥 0.5 kg ＋复合肥 0.25 kg，以增加树体养分，提高果实产量和品质。

5. 根外追肥

这种施肥方法的优点是吸收快，见效明显，节省肥料，且不受养分分配中心的影响，可及时满足火龙果急需的营养，并可避免一些元素在土壤中化学或生物的固定作用。根外追肥特别能补充微量元素肥料，但根外追肥只能是土壤施肥的有益补充而不能代替土壤施肥。火龙果树的茎叶呈三角柱形，喷施叶面肥的时候要围绕此部位进行，要保证喷洒全面且均匀。叶面肥以微肥为主，补充氨基酸和芸苔素。根据生长阶段调整好肥料中的营养比例。结果前期以硼、镁等为主，后期以钙、铁为主，这样可有效地提高火龙果的抗逆性，改良果实品质。建议 17：00—18：00 以后火龙果植株气孔开放时喷施，利于养分吸收。

（四）施肥方式

1. 环状施肥

环状施肥又叫轮状施肥。是在树冠外围稍远处挖环状沟施肥。此法具有操作简便、经济用肥等优点。但挖沟易切断水平根，且施肥范围较小，一般多用于幼树施肥。

2. 半环状施肥

这种施肥方法与环状施肥类同，而将环状沟中断为3～4个猪槽式施肥沟，所以，又叫猪槽式施肥。此法较环状施肥伤根较少，隔次更换施肥位置，可扩大施肥部位。平地、坡地均可适用，是丘陵山地果园施肥常用的方法。斜坡地施肥沟应挖果树的上方和两侧。

3. 放射状施肥

树冠下面距主干1 m左右开始，以主干为中心，向外呈放射状挖4～6条沟。沟一般深30 cm，将肥料施入。这种方法一般较环状施肥伤根较少，但挖沟时也要避开大根。可以隔年或隔次更换放射沟位置，扩大施肥面，促进根系吸收。

4. 全园施肥

成年果树或密植果园，根系已布满全园时多采用此法。将肥料均匀地撒入园内，再翻耕入土中深约20 cm。优点是全园施肥面积大，根系可均匀地吸收养料。但因施得浅，常导致根系上翻，降低根系抗逆性。此法若与放射沟施肥隔年更换，可互补不足，发挥肥料的最大效用。

5. 灌溉式施肥

灌溉式施肥即施肥与灌水结合。近年来随着滴灌技术在我国的逐步推广，该法也逐步应用。无论是与喷灌方式还是滴灌方式相结合的灌溉式施肥，由于供肥及时，肥料分布均匀，既不断伤根系，又保护耕作层土壤结构，节省劳力，肥料利用率又高。可提高产量和品质，又降低成本，提高经济效益。

以上种种施肥方式各有其特点，应结合实际情况轮换采用，互补不足，以发挥施肥最大效果，避免单一方法。火龙果是一种特殊的新兴果树，其根系与其他果树不同，它没有主根，根系很浅，基本都分布在土壤浅表，而且具有强大的气生根。因此，在施肥时应特别注意不要伤及根系。

三、灌溉技术

火龙果园水分管理包括对火龙果进行合理灌水和及时排水两方面。只有进行适时合理的灌水才能实现火龙果优质、丰产和高效益栽培。因此，正确的果园水分管理，满足火龙果正常生长发育的需要，是实现火龙果优质、丰产、高效益栽培的最根本保证。

（一）水分对火龙果生长结果的影响

水是火龙果正常生长发育的最基本条件之一。水分影响火龙果生长、开花坐果、果实生长及果实品质。通常情况下，适宜的土壤水分条件能供应火龙果充足的水分，确保植株体内各种生理生化活动的正常进行，使植株生长健壮、丰产，提高果实品质。当土壤水分含量过高，土壤的通透能力变差，火龙果正常的生理生化活动受到阻碍。反之，当土壤供水不足时，火龙果会受水分胁迫的影响。上述两种情况都会影响火龙果的生长和结果，严重时会导致火龙果植株死亡。

（二）灌溉时期

火龙果较耐干旱、怕涝，在温暖湿润、光线充足的环境下生长更为迅速。幼苗生长期应保持全园土壤湿润，土壤含水量为 60% ～ 80%。最适合其生长发育。春、夏季节应多浇水，使其根系保持旺盛的生长状态。结果期要保持土壤湿润，以利于果实生长发育。冬季园地要控水，以增强枝条的抗寒能力。确定灌溉时期除根据土壤湿度和季节外，还要考虑气候条件和火龙果本身的生长发育阶段。生产上在下列时期要多浇水。

1. 新枝蔓生长前后至开花期

该时期土壤中如有足够的水分，有利于枝蔓的生长，可为当年丰产打下基础。

2. 花蕾迅速膨大期

该时期要多浇水，以利于果实的生长发育。以夏季为例，火龙果从现蕾到开花需要 15 ～ 17 d，花蕾迅速膨大期为现蕾后 10 ～ 16 d（图 6-8）。

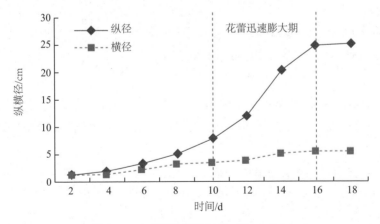

图 6-8 火龙果花发育过程（7—9 月）

3. 果实迅速膨大期

该时期要及时浇水，以满足果实膨大对水的需求。以夏季为例，火龙果从开花到果实成熟需要 28 ～ 32 d，果实在成熟过程中有 2 次迅速膨大期，一次为开花后 3 ～ 7 d，一次为开花后 17—23 d（图 6-9）。

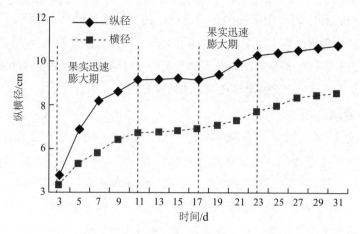

图 6-9　火龙果果实发育过程（7—9 月）

4．采果前后及休眠期

在秋冬干旱地区，此时灌水，可使土壤中贮备足够的水分，有助于肥料的分解，从而促进火龙果翌春的生长发育。火龙果秋冬最后一批果采收后，进入休眠期，此时如有适当的灌水，可促进植株的生长，促使枝条尽快成为结果枝。

（三）灌水方法及灌水量

1．漫灌

在水源丰富、地势平坦的地区，常实行全园灌水。但本方法对土壤结构有一定的破坏，费工费时，又不经济，现已逐步减少使用。

2．畦灌

以火龙果植株为单位修好树盘，或顺树行做成长畦，灌水时引水入树盘或畦。这种方法节约用水，好管理，广为采用。但同样会对树畦土壤结构产生破坏，造成吸收根死亡。

3．穴灌

当水源缺乏时，可在火龙果树冠滴水线外缘开 8 ～ 12 个直径为 30 cm 左右的穴，穴的深度以不伤根为宜，将水注入穴中，水渗后填平。

4．沟灌

在 2 行火龙果之间每隔一定距离开灌水沟，沟深 20 ～ 30 cm，宽 50 cm 左右。一般每行开 2 条，矮化密植园开一条也可，把水引进沟中，逐步渗入土壤。此方法既节约用水，又不会破坏土壤结构，应提倡。

5．滴灌

滴灌是近年来发展起来的机械化与自动化的先进灌溉技术，是以水滴或细小水流缓慢地施入火龙果根域的灌水方法，现逐步在生产上被采用。滴灌有许多优点：如滴灌仅湿润火龙果根部附近的土层和表土，大大减少水分蒸发；此系统可以全部自动化，将劳力减至最低限度；而且能经常地对根域土壤供水，均匀地维持土壤湿润，使土壤不过分潮湿或过分干燥，同时可保持根域土壤通气良好。如滴灌结合施肥，则更能不断供给根系养分，最有利于果树的生长发育，起到一举两得的作用。据国外资料报道，滴灌可使火龙果增产20%～50%。但滴灌系统需要管材较多，投资较大，需具有一定压力的水塔和滤水系统，和把水引入果园的主管道和支管道，以及围绕树株的毛管和滴头。并且管道和滴头容易堵塞，严格要求有良好的过滤设备。

不管采用哪种灌溉方法，一次灌水量都不能太多或太少，以湿透主要根系分布层的土壤为适宜。具体确定灌水量还要考虑土质、火龙果生长发育期、施肥情况及气象状况等，理论灌水量计算，以土壤湿度来确定最为常用。一般认为最低灌水量是土壤湿度为土壤最大持水量的60%，理想水量则为最大持水量的80%。另外，根据果农和技术人员长期积累的经验，在灌水时认为灌透了，实际就是最适宜的灌水量。

（四）排水

火龙果属于浅根系植物，根系好氧，若土壤水分过多，透气性能减弱，会影响根的呼吸，严重时会使根系活跃部分窒息而死，导致茎肉腐烂，同时影响产量，降低果实风味，甚至引起植株死亡。因此，建园时一定要建好排水沟、排洪道等二排水沟的数量和大小，要根据当地降水量的多少、土壤保水力的强弱及地下水位的高低而定。一般情况下，火龙果果园排水沟深约1 m（图6-10）。若在地下水位比较高的地方建园，需要起垄栽植，垄面高出地面50 cm以上（图6-11）；或通过挖排水沟等方法降低地下水位后再进行栽植（图6-12）；或采用控根器式根域限制栽培（图6-13），可以有效规避高地下水位，调控火龙果根域土壤的含水量。

图6-10　果园排水沟

图 6-11　起垄种植

图 6-12　挖排水沟

图 6-13　采用控根器式根域限制栽培

第二节

整形修剪

由于火龙果植株生长迅速，萌芽分枝能力强，生殖生长期长，营养生长和生殖生长矛盾突出。火龙果定植后，整形修剪不是一蹴而就的阶段性工作，而是每年都必须根据植株生长结果情况，合理调整枝条分布和营养枝、挂果枝更替的一项日常管理措施，为取得火龙果优质丰产稳产奠定基础。

一、整形修剪的意义和作用

火龙果是仙人掌科攀缘性果树，由于无发达的木质化主干，一般需搭建支架栽培才能使植株保持一定的树形结构。好的栽培架式除了对火龙果植株起支撑作用外，还应有利于引导火龙果茎蔓的"空间"定向生长，形成良好的立体空间形态结构，以满足植株对光照和通风条件的需求，可协调群体生长与个体生长的矛盾且便于进行一系列的田间管理操作，最终实现优质、高产的生产目标。

火龙果树形和修剪两者密切联系，互为依靠，是栽培管理的关键技术措施之一，有利于提高产量和品质。整形就是根据火龙果生长发育特性，以一定的技术措施（如修剪）构建枝条生长的立体空间结构和形态。修剪就是指对火龙果的茎、枝、芽、花、果进行部分疏删和剪截的操作。整形是通过修剪技术来完成的，修剪又是在整形的基础上进行的。火龙果幼年期以整形为主，经过一年左右的生长，树冠骨架基本形成后，进入结果期，则以修剪为主，但任何时期修剪都须有系统的整形观念。

（一）增强通风透光性

火龙果属喜阳性较强的植物，强光照有利于开花结果，外层枝条易挂果。但是火龙果长势旺盛，萌枝能力强，极易构建强大的层状树冠，并快速外移，枝条相互遮掩严重，内膛枝条光照不足，不利于营养生长和生殖生长。通过整形修剪可以合理留存枝条，控制冠形，改善光照条件，增加枝条光合作用叶面积系数，促进形成粗壮的结果母枝，为丰产结果打下良好的基础。

（二）实现营养枝和结果枝互换

火龙果枝条上的刺座是混合芽，可以萌发出枝芽和花芽，在生产上为了提高单果重量和品质，保证果实发育的足够营养供给，人为将枝条分为结果枝和营养枝两类。

选择粗壮、饱满、下垂度好、长度适宜的枝条作为结果枝，占枝条总数的 2/3；其余作为营养枝，占枝条总数的 1/3；当年新萌发的预留枝条可以培养为营养枝，来年也可作为结果枝使用。根据生产需要和枝条生长状态，当结果枝上所有萌发的花芽疏除后就转化为营养枝，营养枝预留花芽后即转化为结果枝，两者相互替换，提高了结果性能，有利于稳定产量和提高品质。

（三）协调好营养生长和生殖生长的矛盾

火龙果的产量受挂果期长短、挂果数量、果实大小影响。由于火龙果单果发育期短，而全树生殖生长期长，一个植株甚至一条挂果枝上，大果小果、红果绿果、大花小花、花蕾花芽往往共存，营养竞争矛盾突出。因此，通过修剪、疏花和疏果等操作，平衡营养生长和生殖生长的矛盾，合理调节果期产量，并形成足够的营养面积，保持中庸健壮树势是获得高产优质的关键。一般盛产期每株要保持 18 个以上的枝条，结果枝达 12 个以上，以满足均衡正常的挂果需要。

（四）减轻病虫危害

一方面经过修剪的火龙果，树势生长强健，增强了机体抗御自然灾害的能力，减少了病虫的侵染；另一方面，修剪本身就是疏去病枝、弱枝及残枝，是除病灭虫的基本措施之一。

二、整形修剪的方法

（一）幼树的整形修剪

整形的目的是确保尽快上架，形成有效树冠体系。主要措施包括保留一个强壮向上生长的枝条，利于集中营养、快速上架，当主茎生长达到预定高度后，打顶促进分枝，形成树冠立体空间结构。

火龙果定植后 15～20 d 可发芽，每天长 2 cm 以上，在生长过程中刺座会生出许多芽苞，前期只留一个主干沿立柱攀缘向上生长，其余侧枝全部剪除，待主茎长至所需高度（1.5～1.8 m），并超出支撑圆盘或横杆 30 cm 时摘心，促其顶部滋生侧枝，一般每枝留芽 3 条左右，并引导枝条通过圆盘或横杆自然下垂生长，当新芽长至 1.5 m 左右时再断顶，促发二级分枝（图 6-14）。上部的分枝可采用拉、绑等办法，逐步引导其下垂，促使早日形成树冠，立体分布于空间（图 6-15）。用 2～3 年时间逐步增加分枝数，最后每株保留枝条 15～20 条（每个立柱的冠层枝数在 50～60 条），当枝条数量达到合理设计要求之后，随着侧枝的生长，对于侧枝上过密的枝权要及时剪掉，以免消耗过多养分（图 6-16 至图 6-18）。

图 6-14　幼树期疏侧芽

图 6-15　幼树期绑缚

图 6-16　剪顶芽

图 6-17　分枝自然下垂

图 6-18　分枝开花结果

（二）营养生长期的修剪

火龙果营养生长有 2 个高峰期，主要表现为刺座萌发大量侧芽和茎节增粗。一是在春夏（4—5 月）开花结果之前萌发的春枝；二是秋冬季（10—11 月）开花结果停止后萌发的秋枝。修剪的目的是保持预留枝条总数的动态平衡，适时更新结果枝和营养枝，促进结果枝生长。

春枝萌发后，随着光温条件的适宜，便进入结果期，所以修剪春枝可以减少养分的消耗，一般情况下如果老枝条预留数量大，结果枝与营养枝配置合理，所有萌芽都应及早疏去，促进枝条尽早进入开花结果期。如果还要配置预备结果枝，可以从老枝条圆盘基部预留侧枝进行培养，其余全部疏去，当新枝条长到 1.5 m 左右时及时摘心，每条老枝条最好只保留 1 个侧枝，侧枝总数量以不超过老枝条的 1/3 为宜，这些枝条可以培养成为夏季开花结果的营养枝，翌年春季可作为结果枝。对于病老枝条的更新可配合春枝修剪进行。

秋冬季有大量的秋枝长出，一方面要将多余侧芽疏掉，适当在基部留芽培养侧枝，总数以不超过老枝条的 1/3 为宜，以免徒耗营养，新侧枝长至 1.5 m 左右时及时摘顶，促其进行营养积累，这样可以作为翌年春季的营养枝，夏季可替换为结果枝。另一方面已经挂果较多的当年枝，翌年再次大量、集中开花的可能性较小，在秋冬季结果结束后，应将伞部曾经结过果的老枝条剪除，在其基部重新培育大而强壮的秋枝，并随着侧枝的生长和下垂，将其均匀地分布在支撑架的圆盘或横杆上，构建新的结果枝组，以保证翌年的产量。

（三）开花结果期的修剪

在生产上如果是柱式栽培，一般每根水泥立柱可预留 50～60 条下垂枝构成结果枝组，并安排 2/3 的枝条作为挂果枝，1/3 的枝条作为营养枝。每年的 5—11 月进入生殖生长期，不间断地分批次开花结果，同时也会从刺座萌发生长出新枝条，消耗养分，营养生长和生殖生长矛盾最为突出，为此必须把挂果枝和营养枝上新萌发的侧芽全部疏去，减少养分的消耗和促进日光照射，从而保证果实发育的营养需求。同时还要疏去营养枝上所有的花蕾，缩小枝条生长角度，促进营养生长，培养其为强壮的预备结果枝。

三、修剪注意事项

（一）位置的确立

枝条的长度、数量和下垂角度是取得高产的基础，整形修剪就是要构建枝条生长的良好空间结构体系，包括主干的确立、营养枝和结果枝的长度以及枝条的下垂分布等。据观察，结果枝条长度一般大于 1.5 m，中上部的枝条、枝条顶端和下垂枝最容易结果，而中下部的枝很少开花，上部枝条生长势通常大于中下部枝条，这可能是顶端优势的作用。因此无论是摘心还是培养新枝条，都要掌握好合适的位置和长度，要引导枝条下垂，不可盲目进行操作。

（二）把握好枝条生长的有序性

营养生长是生殖生长的基础，主要表现为茎节增粗、分枝数量的增加及延长生长，营养枝数量和质量不仅关系产量和品质，而且关系结果枝的替换和产量稳定。因此不能一味地追求结果数量而忽视营养枝的配备，让所有枝条都开花结果，这种枝条培养的无序性对定量栽培管理技术的应用是不利的。

（三）注意修剪质量

无论是修剪枝条还是疏芽都应在晴天太阳照射下进行，伤口易愈合，避免病菌侵入。修剪刀要锋利，操作要利索，避免损伤枝条。修剪时所有用具应用酒精消毒。修剪、疏芽、疏花和疏果要及时，防止过分消耗营养。

第三节
花果管理

一、花果时期调控

利用人为措施使植物提前或延后开花的技术，称花期调控，也称催延花期技术。花期调控技术可细分为促进栽培技术和抑制栽培技术两种。使开花期比自然花期提早的称为促进栽培技术，可使果品提前上市，达到错季生产的目的；使开花期比自然花期延迟的称为抑制栽培技术，既可达到错季生产的作用，也可使火龙果类的果树多产一批果实。

（一）光调控

农业上利用光照调节作物的产期由来已久，在花卉、蔬菜及果树上均有不少应用。花卉可以通过暗期中断促进开花；番茄可以通过光照处理提前花期及增加开花数；枇杷、沙棘等果树也可通过光周期调节达到类似效果。

除了光周期，波长也对植物有着不同的调节作用，在有效光中，红、橙光是被植物叶片吸收最多的光波，红光利于糖类化合物的合成；蓝光利于蛋白质的合成，因而在农业生产中可通过不同光波控制光合作用的产物，以达到改善农产品品质的目的。

对长日照植物而言，可见光或红光中断暗期对开花有促进的效果。夜间光照可以诱导火龙果花芽分化，达到产期调节的目的。试验表明，2 h 与 4 h 的光周期处理可有效提前夏季产果；若在 10 月开始 2 h 的光周期处理，则可使植株在 1 月、2 月挂果，但产量与品质均不理想。

目前利用 100 W 钨丝灯对火龙果进行夜间光照，可以有效地促进火龙果的花芽分化，以达到产期调节的目的。值得注意的是，红肉火龙果在进行补光提前或延后产期后，对后续的产量并无明显影响；白肉火龙果若通过光照将产期提前，则后期的果品与数量有明显下降，会导致经济效益降低。

（二）温度调控

科研工作者经过长期研究发现，在补光操作中，温度的影响也至关重要。例如，在 10 月开始进行补光，植株在 1—2 月的冬季也可产果，但产量与品质不佳，没有经济价值。如对温室、大棚内的红肉火龙果进行补光，1—2 月的果实品质与数量即可大为改观。故在部分冬季温度较低的地区，如想通过补光进行冬季产果，同时也需要进行一些保温措施。

（三）激素调控

植物生长物质是一类具有调节植物生长发育作用的生理活性物质，包括了植物激素与植物生长调节剂。植物激素是植物体内合成的可以移动的微量有机物，能对植株生产发育产生显著作用；植物生长调节剂是人工合成的有机化合物，其中许多种类的结构与功能与天然激素相类似。植物在感受各种环境信号后产生许多与植物成花相关的物质，这些物质过去被称为成花刺激物，现在又称它们为成花生理信号。

目前，用于调节火龙果花期的植物生长调节剂包括多效唑、乙烯利等，于 5 月下旬喷施可以有效促进花芽分化，防止花果脱落。

二、人工授粉

（一）人工授粉的作用

人工辅助授粉就是采用人工方法将火龙果花粉授至柱头上以提高坐果率的技术方法，是与火龙果本身的生理特点和栽培生长环境条件相适应的。

首先，由于火龙果花朵的雄蕊与花柱等长或较短，有时雄蕊短于柱头 3～5 cm，自然条件下，火龙果很难实现自花授粉；其次，火龙果是典型的夜间开花植物，一般傍晚开花，凌晨开始逐渐凋萎，至阳光照射后完全凋谢，此间昆虫活动能力很弱，对授粉不利；最后，红肉型火龙果往往有自花不亲和现象，自花授粉率不足 10%，所以在生产上必须进行白肉型品种搭配栽培和采取人工授粉才能获得优质高产；同时部分地区使用的日光温室内基本上无风力作用，在自然条件下也很难通过风力将花粉传授到柱头上。

戴雪香等在 2016 年进行了不同授粉方式对火龙果坐果率影响的试验。试验中以红皮红肉型火龙果为例进行人工授粉、自花授粉及不授粉的比较，结果发现：人工授粉对胚珠的发育有很大的影响，自花授粉的子房在授粉 5 d 后出现胚珠发育不一致，而不授粉的开始干枯，到授粉 9 d 就凋落。不同的授粉方式对坐果率的影响较大，不授粉的管理方式其坐果率为 0；自花授粉的坐果率为 51.11%；人工授粉的坐果率达到了 97.62%，且人工自花授粉果实体积增大速度大于同期自花授粉果实。

由此可见，人工辅助授粉在火龙果的生产中至关重要，而正确的授粉方法则是火龙果的优质、高产的重要保障。

（二）常用的人工授粉方法

目前普遍采取人工毛笔点授法，人工授粉时间以傍晚花开至清晨花尚未闭合前进行为佳，即在晚上依靠夜灯照明，将采集好的花粉充分混合均匀，用毛笔蘸花粉点授柱头，并使花粉均匀涂抹在柱心处。火龙果花大，每朵花粉很多，可较易采集到花粉，萌芽率较高，人工授粉比较容易到位，但花粉的生活力一般比较弱，在常温条件下存活时间不长，花粉离体 12 h 后生活力逐渐下降。因此，采用人工授粉时，花粉最好随采随用，以免失去活力，影响授粉效果。

授粉要在夜晚花开或清晨花闭合前进行，具体方法是 21：00 后花瓣和柱头充分展开时，用小毛刷或毛笔刮扫雄蕊上的花粉使其脱落，用塑料碗或不锈钢托盘于花下方接收脱落的花粉（也可以用大的一次性杯子罩在火龙果的花蕾上，拍一拍花蕾让花粉掉到杯子里），然后用毛笔或棉签把采集的花粉涂到柱头上（图 6-19）。

图 6-19　人工授粉

值得注意的是，品种间遗传差异越大，授粉结实率越高。因此，种植火龙果时，可以间种其他类型的火龙果，特别是红、白肉品种之间互相搭配，一般以红肉型作为主栽品种，适当配栽白肉品种，两者之间通常以 10∶1 进行配置，相互之间进行人工授粉，有利于提高结实率。

人工授粉后，也可在花朵完全张开时采用 100～200 mg/kg 的赤霉素进行花朵基部涂抹处理，坐果率会更高。

（三）其他授粉方法

虽然人工授粉可以显著提高坐果率，但随着不断的实践，人工授粉费工费时，操作难度大、成本高的缺点也逐渐显现出来。而其他一些新兴的授粉技术也在逐步发展完善，目前也可以根据实际情况选择或者辅助一些其他的授粉技术。

1. 蜜蜂授粉

目前，利用蜜蜂等昆虫对果蔬进行授粉已发展成一项不可或缺的配套措施。对于像火龙果这种自花授粉坐果率较低的植物，利用蜜蜂授粉具有一定的优越性。

蜜蜂会在凌晨 5：00 之前出巢，采蜜至火龙果花凋谢。虽然蜜蜂授粉坐果率比人工授粉低，但考虑到种植面积和花期以及部分火龙果种植地的坡度，人工授粉工作量大，授粉不可能达到比理论更高的坐果率。而蜜蜂授粉成本低，不需要耗太多时间和人力，同时也有助于蜂业的发展与生态多样性的保护，因此，因地制宜地选择蜜蜂授粉也是可以考虑的方案。

2. 液体授粉

液体授粉是一种低成本、高效率的人工辅助授粉方法，与人工点授法相比省工省时。生产中常在喷施液中加入蔗糖、硼酸等营养物质，以促进花粉萌发生长。目前已有匡石兹等对火龙果的液体授粉进行了报道，试验结果表明，火龙果液体授粉不仅能显著提高火龙果坐果率，还能促进果实发育，提高单果重和果实品质，是一项可以提高火龙果产量和经济效益的有效技术措施。

三、疏花

火龙果具有多批次开花结果的特性，结果性好，每株年开花 6～10 批次，甚至更多，每根枝条可以同时现蕾 2～8 个（图 6-20），若让其自然生长，多数花蕾在现蕾 10 d 左右变黄脱落，最终能成花者仅 1～3 个，浪费树体大量营养。因此，火龙果疏花主要是疏花蕾，在现蕾后 5 d 进行，疏去生长不良、连生、瘦小、畸形的花蕾，每根结果枝只保留 1～2 个生长健壮的、有阳光照射的花蕾（图 6-21），花蕾长成花苞后，可再疏除一次，只留下一朵花（图 6-22）。

图 6-20　疏蕾前

图 6-21　疏蕾后

图 6-22　含苞待放的花蕾

四、疏果

火龙果花朵授粉授精后，子房开始增大，谢花后 5 d 左右拔除已凋萎的花瓣，保留柱头及子房以下的萼片（图 6-23）。待坐果稳定后，开始疏果，疏除衰弱果、荫蔽果、畸形果、密生果、病虫果、受伤果等。进入盛果期的火龙果植株，一株树上会有4 ～ 5 批不同生长发育时期的幼果园时存在（图 6-24），当每一批幼果发育至横径达3 ～ 4 cm 时开始疏果，每根结果枝只保留 1 个发育饱满、颜色鲜绿、有阳光照射、无损伤及无畸形而又有生长空间的幼果（图 6-25、图 6-26），同一批同株留 3 ～ 5 个幼果为宜，其余的疏除，各枝条根据生长情况分批次留果，以集中养分，促进果实正常生长发育，保证果实的高品质。

图 6-23　谢花

图 6-24　幼果

图 6-25　疏果后

图 6-26　　1 枝 1 果

五、果实套袋

（一）果实套袋的作用

套袋是提高果实品质的方法之一，能改善果实外观品质，减少农药残留，避免或减轻病、虫、鸟等危害，有效提高产量，生产出高品质且无公害的水果。早期火龙果的栽培并不进行套袋，但近年来发现套袋可减少果蝇、蜗牛、鸟等动物危害及人为损伤，并能提高果皮的光亮程度及清洁度，可促进果实着色均匀，有助于火龙果商品价值的提升，增加商品的附加值。

刘友接等在研究中提到，套袋不但可以影响火龙果果实的外观品质，也影响果实的内在品质。火龙果果实套袋后总糖和维生素 C 含量有了不同程度的提高，酸含量也有了不同程度降低，这是由于套袋对火龙果果实形成一种温室效应，在高温环境下，果实呼吸强度增加，加速了以酸作为呼吸基的氧化分解，糖类则从火龙果的茎向果实内移动并积累，使糖含量增加，酸含量减少。

（二）套袋技术

目前，我国已经在枇杷、梨、苹果、桃、菠萝、柚、橙、荔枝等多种水果的栽培中推广了果实套袋技术，而火龙果的果实专用袋逐步被开发推广，其中以白色尼龙网袋、黑色尼龙网袋、白色无纺布袋及生皮纸袋为最佳选择。

操作流程如下：开花授粉 10 d 后，将萎蔫的花瓣剪除，保留子房以下的萼，疏去僵果、畸形果，保留健壮的幼果；套袋前用 70% 甲基硫菌灵 1 000 倍液及 40% 毒死蜱 800 倍液全株喷雾 1 次；将袋子底部两端用剪子剪两个切口，利于套袋后排水通气。用手将果袋撑开，然后从果嘴面将整个果实套入袋中，再将袋口封严（图 6-27 至图 6-29）。

图 6-27　黑色网袋

图 6-28　蓝色套袋

图 6-29　白色套袋

第四节

//产期调节//

火龙果的开花结果期为每年 4—11 月，一般可开花 12 次以上，若管理得当，开花可达 15 次，可以通过实施调控措施，对火龙果进行产期调节以达到果实适期上市的目的。主要通过修枝、施肥、疏花等管理措施结合补光处理实现产期调节。包括正季产期调控和反季产期调控，这里主要介绍通过补光处理实现反季产期调控。

火龙果是长日照植物，如果在一段时间内阳光充足、光照日间长，火龙果的光合作用特别旺盛，就会花多果大丰产，反之则产量明显减少。而我国南方地区在秋分后至翌年春分前昼短夜长，虽然温度、营养等充足，但光照不能满足火龙果植株花芽分化所需，因而自然条件下冬季基本上不会再进行花芽分化。在夜间补光处理是最有效的产期调节方法（图 6-30）。

图 6-30　利用蓝光进行产期调节

在秋、冬、春季平均气温大于15℃时，若植株生长健壮、有效结果枝数量足够、无正在生长的营养枝，那么通过使用仿太阳光的LED（发光二极管）植物生长灯对火龙果植株进行补光，促进其花芽分化。冬季产期调节可使火龙果产期由平常的11月延长至翌年1月；春季产期调节可实现提前1～2个月产果，在海南甚至可以实现周年生产。并且由于秋冬季的昼夜温差较夏季盛产期大，有利于果实的膨大及糖分的累积，因此其总产量及果实品质也有所提高。一般每垄每隔1.5 m悬挂一个12～18 W的火龙果专用植物补光灯，灯与大部分枝条的中段距离为0.8～1.0 m，一般每天补光4～5 h，连续20～60 d（图6-31至图6-33）。

图 6-31　补光系统

图 6-32 垄面补光

图 6-33 垄间补光

不同光源、光质和温度对花期和开花数量影响较大，在外界温度 15℃以上才能补光催花，而且不同品种所需的条件也有一定差异，如红肉品种只需较短光周期及较低温度即能促使花芽分化，而白肉品种则需要较高的温度和较长的光周期。

第五节
采收与采后

一、采收

（一）采收期的确定

采收期（成熟度）直接影响火龙果果实性状以及食用品质和商品性，显著影响果

实的耐贮性，适时采收对提高火龙果的耐贮性和贮藏后的商品价值至关重要。火龙果
果实的生育期随着季节、地理位置和品种的不同而异，可根据其花后时间、果实生理
指标或果皮色泽进行判断。未熟期（花后 21 d）和可采成熟期（花后 28 d）采收的火
龙果果实个小、果皮厚、可食率低，果皮未着色，采收时无食用价值，放置在室内达
成熟时口感较淡，综合品质差。食用成熟期（花后 30 d）和生理成熟期（花后 33 d）
采收的火龙果果皮和果肉均充分着色、肉质细腻、汁多味美、香味浓郁，采收后即可
鲜食，食用品质佳（图 6-34）。

图 6-34　丰收果园

　　以火龙果外观色泽为标准，判断其采收成熟度：分为成熟度Ⅰ（果皮开始着色）、
成熟度Ⅱ（果皮全部着色）、成熟度Ⅲ（果皮完全转红）。3 种成熟度采收的火龙果果
实在室温（28 ～ 32℃）下贮藏 2 d 后，冷库（15±1）℃贮藏出库 1 d 后，果皮完全转
红，色泽一致，外观商品性无明显差异。室温下成熟度Ⅰ和Ⅱ的火龙果安全贮藏期为
10 d，冷库贮藏时间达 25 ～ 27 d，贮藏期分别比成熟度Ⅲ的果实延长 2 d 和 9 ～ 11 d。
此外，室温贮藏 10 d 后，成熟度Ⅱ的果实品质优于成熟度Ⅰ和成熟度Ⅲ的果实。因
此，用于贮藏和长途运输的火龙果，宜适当早采，成熟度Ⅱ（果皮全部着色未完全转
红）时采收，既能延长贮藏期，又能兼顾品质。用于就近或产地销售的火龙果，可以
在完全转红或生理成熟期采收（图 6-35）。

图 6-35　完全成熟果实

在广州地区，一般谢花后 26 ～ 27 d 采收，即果皮开始转红后 7 ～ 10 d，果顶盖口出现皱缩或轻微裂口时采收。在贵州南部，7—9 月，紫红龙（红皮红肉）谢花后 26 d 果皮开始着色，28 d 转色成熟后采收，如不及时采收，随后 1 ～ 2 d 就会出现裂果现象；晶红龙（红皮白肉）一般为谢花后 30 ～ 32 d 转色成熟后采收；紫红龙 10—12 月，一般为谢花后 30 ～ 40 d 转色成熟后采收。在海南，夏季火龙果的采收时间一般为谢花后 25 ～ 30 d，冬季火龙果的采收时间一般为谢花后 35 ～ 45 d。对于供出口的火龙果，需要长途运输或较长时间贮存，因此最佳采收时间在夏季为谢花后 25 ～ 28 d，在冬季为谢花后 35 ～ 40 d；对于供应当地市场的火龙果，最佳采收时间在夏季宜为谢花后 29 ～ 30 d，在冬季为谢花后 40 ～ 45 d。采收应选择适宜的天气，最好在温度较低的晴天早晨，露水干后进行，若有采后分选机则可全天候采收。

（二）采收方法

火龙果采收时用的果剪，必须是圆头，以免刺伤果实。果筐内应衬垫麻布、纸、草等物，尽量减少果实的机械损伤。采收时，用果剪从果柄处剪断，轻放于包装筐或箱内即可。

采收应遵循先熟先采，分批采收的原则。尽量安排晴朗的上午，待露水干后开始采收。如采收期遇暴雨天气，应在雨停后果实表面雨水干后采收，尽量避免采收带有雨水的果实，减少田间病害的侵染，降低采后病害的发生。

采用一果两剪法采摘，即一手托住成熟果实，另一手执剪刀在结果部位的果枝左右两边分别剪下，附带部分茎肉，果柄剪切后的长度不超过果肩，剪口平整无污染。

将采摘的果实轻放于内衬垫麻布、纸、草等果筐内，以减少果实碰撞、挤压、刺伤等机械损伤。采收的果实及时运回，地头堆放时间不超过 1 ～ 2 h，避免果实在田间暴晒，转运时防止装载不实严重振荡。

二、采后处理

（一）挑选、分级

火龙果采收后及时堆放到阴凉通风的地方，在火龙果堆放处放置电风扇，加快火龙果贮藏空间的空气流通，尽快散去果实田间热。散田间热的同时可以对火龙果进行挑选、分级等处理（图 6-36、图 6-37）。

图 6-36　人工分级

图 6-37　分选机

挑选：除去小果、烂果、裂果、病虫果、伤果。

分级：根据感官和理化要求将火龙果分为 3 个等级，分别为一等品、二等品和三等品，详见表 6-1。

表 6-1　火龙果鲜果质量等级要求

项目		要求		
		一级品	二级品	三级品
成熟度		果实饱满，果皮结实，肉质叶状鳞片新鲜。果顶盖口出现皱缩或轻微裂口	果实饱满，果皮较结实，肉质叶状鳞片较新鲜。果顶盖口出现明显皱缩或裂口	果实饱满，果皮变软，肉质叶状鳞片轻微黄化、萎蔫。果顶盖口出现明显皱缩或裂口
新鲜度		果皮和叶状鳞片具有本品种特有的典型红色，有光泽；果肉细胞汁多	果皮和叶状鳞片具有本品种特有的典型红色，稍有光泽；果肉较细脆	果皮和叶状鳞片具有本品种特有的典型红色，光泽不明显；肉质较软
完整度		果形无缺陷，果皮和叶状鳞片无机械损伤和斑痕	果形有轻微缺陷，果皮和叶状鳞片有缺陷，但面积总和不得超过总表面积的 5%，且不影响果肉	果形有缺陷，果皮和叶状鳞片有缺陷，但面积总和不得超过总表面积的 10%，且不影响果肉
单果重 /g	红皮白肉	≥ 401	301 ～ 400	200 ～ 300
	红皮红肉	≥ 351	251 ～ 350	150 ～ 250
可溶性固形物 /%	红皮白肉	≥ 12.0	11.0 ～ 11.9	≤ 10.9
	红皮红肉	≥ 13.0	12.0 ～ 12.9	≤ 11.9
可食率 /%		≥ 70.00	65.00 ～ 69.99	< 65.00

（二）贮藏保鲜技术

1. 低温冷藏

低温冷藏是热带水果贮藏的主要形式之一。因为低温可以抑制微生物的繁殖，延缓水果的氧化腐烂；低温冷藏还可降低水果的呼吸代谢、果实的腐烂率。低温冷藏可用在气温较高的季节，以保证果品的全年供应。但是不适宜的低温反而会影响果品的贮藏寿命，丧失商品价值及食用价值。防止冷害和冻害的关键是按不同水果的习性，严格控制温度，对于某些水果要采用逐步降温的方法以减轻或避免冷害，火龙果低温冷藏的大致流程为：预处理—吹干—包装—低温冷藏—运输。火龙果采后会先筛选、分级，之后用水浸泡清洗，去除火龙果表皮的污渍及微生物。预处理后由于经过水浸泡所以要进行吹干，可以让火龙果在常温下自然风干或用风扇快速吹干火龙果表皮的水分，然后用打孔 PE（聚乙烯）包装袋给每个火龙果进行包装及装箱。最后装箱好的火龙果被送到冷风式冷藏库进行低温冷藏，冷藏库的温度要保持在4～8℃，湿度85%～95%，这种方法在越南应用得比较成熟，近几年，低温冷藏已成为中国最普遍的火龙果贮藏技术（图6-38和图6-39），保质期在20～25 d。不同温度贮藏下火龙果外观变化详见图6-40。

图 6-38　低温冷库

图 6-39　冷藏机组

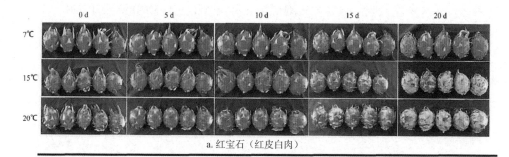

a.红宝石（红皮白肉）

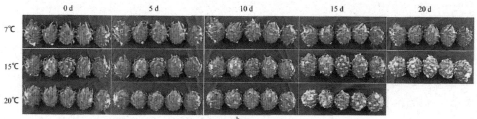

b.大叶水晶（红皮白肉）

图 6-40　不同温度贮藏下火龙果外观变化

2. 辐射贮藏技术

辐射保鲜贮藏就是利用放射性元素的辐射能量对新鲜火龙果进行处理，达到杀虫、抑制发芽、延迟后熟等效果，从而减少果品的损失，使它在一定期限内不腐败变质，是一项新引进的保鲜技术，目前应用不是很广泛，在越南只用于少数火龙果出口产品。辐射保鲜通常是利用 ^{60}Co、^{137}Cs 等辐射出的射线辐照火龙果果实，使其新陈代谢受到抑制，从而达到保鲜的目的，大致流程为：火龙果预处理—吹干—辐射处理—包装—贮藏—运输出口。火龙果采后用水浸泡去除表皮污渍及微生物后，要进行吹干，火龙果经过低压喷气系统快速去除表皮的水分，并彻底清除火龙果顶部隐蔽地方的残留物，保证其达到食品安全标准。接着进行辐射处理，在 5℃下对火龙果进行辐射处理后，在 28～30 d 内火龙果的新鲜度和质量都不会下降。辐射处理过后，进行分级、包装、装箱。新鲜水果的辐射处理选用相对较低的剂量，一般小于 3 000 Gy，否则容易使水果变软并损失大量营养成分。

3. 1-MCP 保鲜剂保鲜

1-MCP 即 1- 甲基环丙烯，能不可逆地作用于乙烯受体，阻断乙烯的正常结合，从而抑制与乙烯相关的生理生化反应，与传统的乙烯抑制剂 STS（硫代硫酸银）等相比，1-MCP 具有安全、无毒、对环境污染小等特点。研究表明，常温（20～25℃）下 1-MCP 处理的品红龙果实贮藏时间为 11 d 左右，而对照为 9 d 左右；冷藏（14℃）条件下，1-MCP 处理的晶红龙果实能贮藏 22 d 左右，对照则在 17 d 左右；1-MCP 处理的紫红龙果实能贮藏 16 d 左右，对照则在 14 d 左右。1-MCP 处理可以减少果实及鳞片的水分蒸发，降低可溶性固形物含量的损失，减缓果肉及果皮糖类物质分解，较好地保持了果实在贮藏期的外观和风味，可在一定程度上减缓细胞的衰老死亡，抑制细胞膜栅对透性的升高，延长果实在冷藏与常温下的贮藏寿命。因此，1-MCP 处理对延长火龙果果实的贮藏期具有较积极的作用。

4. 热处理贮藏保鲜

对于采后贮藏期间的砖红镰刀菌、黑曲霉和黄曲霉病害，可以使用苯菌灵和氯氧化铜这 2 种杀菌剂混合处理。火龙果是果蝇的寄主之一，因此火龙果的出口需要进行杀虫处理。农业科技人员对火龙果进行了热空气处理研究，越南平顺为了满足水果进口国的生物安全要求，其出口的水果都要采取热处理，然后密封聚丙烯袋中在 5℃贮藏 2～4 周。高温短时热处理要求水果的核心温度达到 46.5℃持续时间为 20 min、40 min，48.5℃下持续 50 min、70 min、90 min。试验证明"平顺"火龙果只能在 46.5℃下的热处理中持续 20 min，处理后果实品质与对照果实无明显差异。无论采用热处理与否，火龙果的货架期只有 4 d，如果火龙果未喷洒杀菌剂，20℃下炭疽病引起的腐烂将迅速发生。

（三）预冷期间杀菌处理

火龙果鳞片较坚硬，并且存在外翻的现象，采收后尽量减少翻动，所以杀菌处理一般采用熏蒸的方式。可用二氧化氯消毒液原液活化后，盛到容器中，均匀放置 4 ～ 6 个点，让其自然挥发进行库间灭菌，或用噻苯咪唑、腐霉利烟雾剂熏蒸，也可用臭氧发生器产生臭氧进行库间灭菌，以环境内 2 ～ 8 mg/m³ 的臭氧浓度处理 1 h。

（四）预冷结束后自发气调包装

周转箱使用塑料箱或木框均可，箱内垫厚度为 0.02 ～ 0.03 mg 的打孔 8 ～ 12 个的高压聚乙烯塑料袋。每箱装果单层 15 ～ 20 个，果箱高度为 10 ～ 15 cm。为防止挤压，最好绑扎塑料袋口，也可用相同厚度、打孔 4 ～ 6 个的高压聚乙烯塑料袋单果包装。

（五）入库垛堆

码堆底部采用木制托盘、水泥柱、砖等垫垛底。果箱分级分批堆放整齐，留开风口，底部垫板高度 10 ～ 15 cm。果箱垛堆距侧墙 10 ～ 15 cm，距库顶 80 ～ 100 cm，果箱垛堆要有足够的强度，并且箱与箱上下能够镶套稳固，垛宽不超过 2 m，垛与垛之间距离大于 0.5 m，可供人行走，果垛距冷风机不小于 1.5 m。

（六）贮期管理

贮藏温度 5 ～ 6℃，用经过校正的温度计多点放置观察温度（不少于 3 个点），取其平均值。贮藏湿度：相对湿度为 90% ～ 95%，可用毛发湿度计，或感官测定，感官测定可参考观察在冷库内浸过水的麻袋，3 d 内不干，表示冷库内相对湿度基本保证在 90% 以上，湿度不足时立即采用冷库内洒水、机械喷雾等方法增加湿度。

（七）品质检查

贮藏 20 d 后，每 5 d 抽样调查 1 次，发现有烂果现象时全面检查，及时除去烂果，贮藏 30 d 内销售出库。

（八）设备安全

冷库配备相应的发电机、蓄水池，保证供电供水系统正常，调整冷风机和送风机，将冷气均匀吹散到库间，使库温相对一致。保证库间密闭温度，停机 2 h 库温上升不超过 2℃，减少库间温度变化幅度，防止果实表面结露，也不使果实发生冷害。

（九）出库

果实饱满，有弹性，易剥皮，果肉不软化；品味正常，无异味；可溶性固形物含量保持或略低于入库时指标；总酸量略低于入库时指标。

（十）出库包装

包装箱高度不宜超过 30 cm，放置两层火龙果，周边打若干孔，均匀分布。根据需要采用不同规格包装。出库火龙果采用冷藏车低温运输，分批出库时，防止库内温度急剧变化。

第七章

>>> 火龙果设施栽培技术 <<<

果树设施是指采用各种材料建造成为既有一定空间结构，又有较好的采光、保温和增温效果的设施。它适于错开果品集中成熟上市季节，在果品供应淡季进行生产，以满足人们四季消费新鲜水果的需要。如各种果树进行的温室、塑料大中小棚、简易覆盖栽培等，均属于果树设施栽培。由于采用保护设施栽培果树，能创造适宜各种果树生长发育的环境条件，实现了新鲜水果的错季生产供应，而且充分利用了冬季农闲季节，经济效益和社会效益均高。

第一节
日光温室的种类、性能与建造

温室的结构要求采光、增温和保温性能良好。从我国目前的实际情况看，由于地理位置不同，即纬度、太阳入射角、气候条件、资金实力等的不同，各地使用的建筑材料有所不同，形成了众多不同的温室类型。目前应用较多的是水泥、钢筋、竹木等为骨架，屋面覆盖塑料薄膜及草苫或保温被的塑料薄膜日光温室，其室内热量来源主要依靠太阳辐射，一般有不加温和辅助加温两种形式。

一、日光温室的种类与性能

1. 一斜一立式塑料薄膜日光温室

该类型日光温室跨度 6 ～ 8 m，脊高 2.8 ～ 3.5 m，后墙用土或砖石筑成，高 1.8 ～ 2.5 m，后坡长 1.5 ～ 2.0 m，后墙厚 0.4 ～ 0.6 m（图 7-1）。

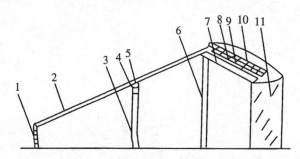

图 7-1　一斜一立式塑料薄膜日光温室结构

1. 前立柱；2. 木杆或竹竿骨架；3. 腰柱；4. 悬梁；5. 吊柱；6. 中柱；7. 桤；8. 檩；9. 箔；10. 防寒层；11. 后墙

特点：采光好，升温快，结构简单，造价低，空间大，作业方便，便于扣小棚保温。适于我国北方地区秋、冬、春季桃、葡萄、矮樱桃、杏、李、台湾青枣、火龙果等果树。

2. 琴弦式塑料薄膜日光温室

该类型日光温室跨度 7～8 m，脊高 2.8～3.5 m，水泥制中柱，后坡高粱苇箔抹水泥，后墙高 2.0～2.6 m，后坡长 1.2～1.5 m。前屋面每隔 3 m 设一道直径 5～7 cm 粗的钢管或粗竹竿桁架，在桁架上按 40 cm 间距拉一道 8 号铁丝，铁丝两端固定于东西墙外基部，在铁丝上每隔 60 cm 设一道细竹竿做骨架，上面盖塑料薄膜，再上面压细竹竿，用细铁丝固定在骨架上，不用压膜线（图 7-2）。

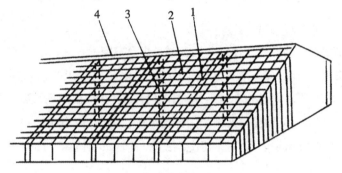

图 7-2 琴弦式塑料薄膜日光温室结构
1. 钢管桁架；2. 8 号铁丝；3. 中柱；4. 竹竿骨架

特点：采光效果好，空间大，作业方便，室内前部无支柱，便于扣小棚和挂天幕保温。适用于我国北方地区秋、冬、春季栽培桃、葡萄、李、樱桃、台湾青枣、火龙果等果树。

3. 微拱式塑料薄膜日光温室

该类型日光温室跨度 7～8 m，脊高 2.8～3.5 m，后墙高 1.8～2.5 m，后坡长 1.2～1.5 m，土后墙、土后坡；前屋面由两道横梁支撑，竹木结构，骨架间距 60 cm，用吊柱支撑竹片骨架，骨架上盖塑料薄膜后用压膜线压紧（图 7-3）。

特点：前屋面微拱形，升温快，保温效果好，建筑简便，投资少，实用价值高。适于我国北方地区秋、冬、春季栽培葡萄、桃、樱桃、台湾青枣、火龙果等果树。

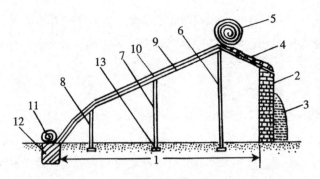

图 7-3 微拱式塑料薄膜日光温室结构

1. 跨度；2. 后墙；3. 防寒土（厚约 1 m）；4. 后屋面覆盖物；5. 草苫；6. 中柱；7. 二柱；8. 前柱；9. 拱杆；10. 薄膜；
11. 纸被；12. 前防寒沟（宽 30～40 cm、深 40～50 cm）；13. 基石

4. 拱式塑料薄膜日光温室

（1）圆拱式塑料薄膜日光温室。该类型日光温室跨度 6～7 m，脊高 2.8～3.2 m，后墙为砖石筑空心墙，高 1.8～2.4 m，墙顶用预制板封闭，后坡用空心预制板，长 2 m，预制板下端放在后墙上，上端放在脊檩上，脊檩由钢筋混凝土预制，脊檩长 2 m，由预制柱支撑，前屋面拱架上弦用孔径 4 或 6 钢管，或用直径 14～16 mm 钢筋，下弦用直径 10～12 mm 钢筋，拉花用直径 6～10 mm 钢筋，预制板上铺 15 cm 炉灰渣（图 7-4）。

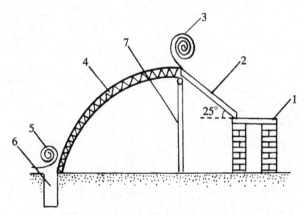

图 7-4 圆拱式塑料薄膜日光温室结构

1. 后墙；2. 后屋面；3. 草苫；4. 拱架；5. 纸被；6. 前防寒沟；7. 中柱

特点：室内无支柱，作业方便。采光好，光照分布均匀，增温快，构造比较简单，保温好，坚固耐用，但造价较高。适于我国北方各地区秋、冬、春季栽培葡萄、桃、樱桃、李、杏、台湾青枣、火龙果等果树。

（2）全钢拱架塑料薄膜日光温室。跨度 6 ～ 7 m，脊高 2.8 ～ 3.2 m，后墙为砖石筑空心墙，高 2 m。钢筋骨架，上弦直径 14 ～ 16 mm，下弦直径 12 ～ 14 mm，拉花直径 8 ～ 10 mm，由三道花梁横向拉接，拱架间距 60 ～ 80 cm，拱架下端固定在前底脚砖石基础上，上端搭在后墙上，后坡 1.5 ～ 1.7 m，骨架后屋面铺木板，木板上抹草泥，后屋面下部 1/2 处铺炉渣作保温层，通风换气口设在保温层上部，每隔 9 m 设一通风口。温室前底角处设有暖气沟或加温管（图 7-5）。

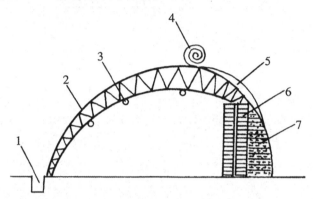

图 7-5　全钢拱架塑料薄膜日光温室结构

1. 防寒沟；2. 钢筋骨架；3. 横梁；4. 草苫纸被；5. 后坡；6. 砖筑空心墙；7. 防寒土

特点：屋内无支柱，作业方便，永久性温室，坚固耐用，采光好，通风方便，保温好，但造价高。适于我国北方地区秋、冬、春季栽培桃、葡萄、樱桃、台湾青枣、火龙果等果树。

5. 装配式圆拱形塑料薄膜日光温室

该类型日光温室跨度 5.5 ～ 6 m，脊高 2.5 ～ 2.8 m，中柱距后墙 0.8 m，后屋面坡长 1.5 m，后墙高 1.7 ～ 2 m，砖石砌空心墙 60 cm 宽（两砖中间留半块砖空隙）。钢筋拱架间距 1 m，拱架钢筋上弦直径 14 ～ 16 mm，下弦直径 12 ～ 14 mm，拉花直径 8 ～ 10 mm。装配式，每根拱架用卡具固定于三道横向联合拉杆上，上端用螺丝固定在预制板上，下端固定在预埋件上，形成一个整体。骨架上下边用 4 cm 宽钢板，用螺丝固定地下预制板和预埋件上，压膜线也固定在上边。前脚设防寒沟，宽 40 cm 左右，深 80 cm 左右，室内前沿可设煤火辅助加温设备（图 7-6）。

特点：装配式结构便于定型生产骨架，运输安装方便，采光保温性能好，作业方便，采光保温效果较好，但造价较高。适于我国北方地区和北部高寒地区冬、春、秋季进行葡萄、桃、樱桃、李、杏、台湾青枣、火龙果等果树提前或延后生产。

火龙果优质栽培技术

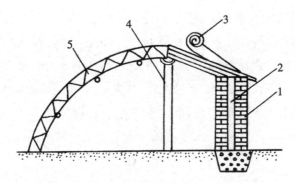

图7-6　装配式圆拱形塑料薄膜日光温室结构

1. 砖筑空心后墙；2.珍珠岩或炉渣；3.草苫；4.立柱；5.拱架

6. 长后坡矮后墙塑料薄膜日光温室

该类型日光温室跨度6～7 m，脊高2.8～3.2 m，后坡长2 m，由檩和横梁构成，檩上摆放玉米秸捆，上抹草泥。后墙高0.6～1 m，厚0.6～0.7 m，后墙外培土，前屋面为半拱形，由支柱、横梁、拱杆（竹片或细竹竿）构成，拱杆上覆盖塑料薄膜，在薄膜上面两拱杆间设一道压膜线，夜间盖纸被，草苫防寒保温。前屋面外底脚处挖40 cm宽、40 cm深防寒沟，沟内填满树叶或乱草盖土踩实（图7-7）。

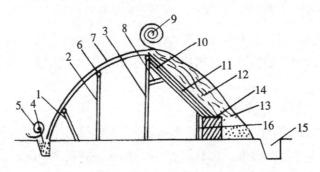

图7-7　长后坡矮后墙塑料薄膜日光温室结构

1. 前柱；2.腰柱；3.中柱；4.防寒沟；5.纸被；6.横梁；7.薄膜；8.斜撑；9.草苫子；10. 檩；11.檩；12.后坡；13.防寒土；14.后墙；15.防寒沟；16.后柱

特点：室内采光好，保温能力强，在冬季不加温的条件下，可以进行某些果树生产，当外温降至 -25℃时，室内仍可保持5℃以上。但是，3月以后，后部弱光区对一些果树生长发育不利。适于北方地区在冬、春季进行草莓、葡萄等果树提早生产和台湾青枣、火龙果等热带果树设施栽培。

上述介绍的各种塑料日光温室类型，在实际应用中，应根据栽培的果树种类，当地的具体条件和所采用的管理技术措施等来进行合理选用，并根据外界温度变化，在温度过低时进行辅助加温。

二、日光温室的建造

（一）场地的选择

建造温室应选择避风、向阳、地势平坦、干燥、水源充足、排水良好、土质肥沃，前面无遮光的地方。

（二）场地的规划

（1）庭院温室，在房屋前面只要有 8～10 m 宽空地，南面和东西面无遮光物，东西长超过 20 m 即可进行。

（2）在屋后面建造温室，必须计算好温室前沿与房屋的距离，避免遮光。

（3）在田间建造较大的温室群体时，应统一规划，确定方位和每排温室的距离，使温室跨度基本相同，形式一致，统一设备和通电线路及修筑道路，统一打机井，安装地下管道，每栋温室里设进水管，便于集中管理和维修，并适当地建立一些塑料薄膜棚室养猪和鸡等来解决肥源，适当修建沼气池解决能源，建立高效生态示范小区。每栋温室面积以 333～667 m² 较适宜，东西两栋温室间应设 4～6 m 宽大的道路，以便于车辆通行。南北两栋温室外距应在 7 m 以上，以防影响光照。

（三）温室外的建造方位

为充分利用光能，日光温室的建造为坐北朝南，东西延长建造较为适宜。果树设施栽培实践证明，在我国北方不加温的日光温室的冬季，不能过早揭开草帘，否则室内温度不仅不能上升，反而会下降，实际上太阳出来一段时间后才能揭开草帘。因而，还是方位偏西一些好，这样延长下午室内光照时间，有利于夜间保持较高的温度。

（四）温室的跨度

北墙内侧至南沿底脚宽，一般 6～8 m 为宜，不宜过大或过小。实践证明，如果跨度加大 1 m，要相应增加脊高 0.2 m，后坡宽度要增加 0.5 m，这样就带来很多不利条件。

（五）温室的高度

温室的高度指屋脊最大高度。它的高或矮直接影响日光温室空间的大小及光热状况，也影响果树的生长发育。合理的高度可提高白天的采光，能增加室内蓄热量，在保温性能好的情况下，可以大大地减缓降温速度。但温室太高，后墙随之增高，不但建造材料增加，保温也较困难。如果在一定的跨度和长度情况下，高度低，则温室空间小。空间小的日光温室受光后升温快，热容量小，午后到夜间降温也快，空气对流和热辐射量小，遇到阴天、低温、寒流，其缓冲能力弱，容易造成冻害。

（六）温室的长度

设施果树栽培实践中证明，温室长度在 20 m 以下时，室内两头山墙遮阴面积与整栋温室面积比例较大，果树生长受不良条件影响的面积也大。温室长度超过 80 m，在管理上会增加许多困难，如生产资料、苗木、产品等搬运十分不便，一般单栋长度以 40 ～ 80 m 为宜。

（七）温室前屋面的角度（坡度）

日光温室向阳面多为塑料薄膜覆盖的采光屋面，与地平面构成的夹角叫屋面角，屋面角的大小与太阳高度角（太阳与地面所呈的角度）形成不同的光线入射角，由于入射角不同，光线的入射量与反射损失量也不同。而太阳高度角又随季节变化，同一时期不同纬度的太阳高度角也不相同。冬至前后每隔一个节气，太阳高度角约增加 4°，到夏至达到最大。

确定温室前屋面角度以冬至为标准，首先计算出本地区冬至时的太阳高度角，其公式是太阳高度角 =90° – 当地地理纬度 –23.5°。以 40°N 为例，冬至时的太阳高度 90° –40° –23.5° =26.5°。如果使温室前屋面的太阳光入射角等于零，则屋面角度需达到 63.5°。这样的屋面角度在生产上是行不通的。因为温室跨度一定时，这样的屋面角必然使前屋面过长，后墙太高，浪费材料，影响保温效果。而且太阳高度角是随时在变化的，满足了冬至时的需要，在其他时节不一定合适。

对于 32°N ～ 43°N 地区来说，要保证"冬至"日光温室内有较大的透光率，其温室前屋面角应确保为 20.5° ～ 31.5°。当然，确定温室前屋面角还应考虑温室整体结构、造型及使用面积和作业空间等是否合理，棚室前部不能太低，且以圆拱形为宜。所以优型日光温室前屋面底角处的切线角度应在 60° ～ 68°。后屋面角以大于当地冬至正午时太阳高度角 5° ～ 8° 为宜，即 31.5° ～ 34.5°。

（八）温室前后坡的宽度比

设施果树实际生产中基本分为 3 种类型。第一种是"短后坡式"，其前后坡比为（4 ～ 5）：1；第二种是"长后坡式"，其前后坡比为（2.5 ～ 3）：1；第三种是"无后坡式"，即前屋面上端直接架设在较高的后墙上。从实践生产中看，后坡短一些，前屋面大的温室，采光屋面大，光照条件好，增温快，对于休眠期较长，喜光性强的果树尤为重要。所以，目前在设施栽培桃、樱桃、葡萄、李、杏等果树生产中，大部分采用"短后坡式"的塑料薄膜日光温室。

（九）温室的后墙和山（侧）墙

日光温室的后墙和山墙是保证温室结构牢固、安全和具有足够蓄热能力的主体结构，因此，要用导热性差、保温性好的建筑材料，并有足够的厚度。

目前，我国各地日光温室的墙体用材，有编织袋装土垛墙、黏土夯实土墙、泥草垛墙、实心砖墙、炉渣空心砖砌墙等。在保证坚固耐用的基础上，为降低成本、减少投资，各地均可以就地取材。后墙外要堆土防寒或填堆麦秸、稻草等物，以提高保温性能。实践经验证明，其厚度（包括墙体）要达到 50～60 cm。

（十）温室的后屋面与支柱

温室的后屋面也称后坡、后屋顶，是一种维护结构。它的主要作用是隔热保温，也是卷放草苫、纸被子的作业部位。后屋面一般宽 1～2.5 m（上至屋脊最高点，下至后墙体外缘，还有的略突出墙体外 10 cm 左右），后屋面一般保持 10°～30°的仰角。后屋面及其支撑骨架是由柱、桁、檩箔、草泥、秸秆和泥土等构成，也可用钢筋混凝土预制件，包括支柱、梁、空心板或槽形板。上面再覆盖草泥等，但其保温性能不如麦秸、稻草泥的后屋面。后屋面的支柱也称为中柱，它的顶部和后墙顶部支撑桁木。一般 3 m 宽左右为一间，桁上架檩，再铺秫秸、草泥等保温防寒物，或在中柱与后墙间直接铺设预制件。后屋面的防寒厚度一般在 50 cm 左右。

（十一）温室的前屋面

温室的前屋面也称为南屋面，它的主要功能是采光，由拱架（支柱、腰檩、竹拱或钢筋拱、钢管拱等）、薄膜、压膜线等构成。南屋面的拱架要坚固、减少遮光。选材可用粗毛竹、竹片、镀锌钢管或钢筋等，一般 50～80 cm 设一拱架（根据材料的牢固性而定），上端固定在脊檩上，下端埋入日光温室前沿的土中，使拱架形成半拱形。拱架有三折式、两折式或拱圆式等。

（十二）温室前屋面覆盖的塑料薄膜

日光温室前屋面拱架上覆盖的透明塑料薄膜，主要有聚乙烯树脂和聚氯乙烯树脂两种。这两种树脂因加入不同的助剂，均可生产出具有耐老化（使用期一年以上）、保温、无滴、阻隔紫外光等功能的塑料薄膜。厚度为 0.1～0.12 mm，幅宽 1～7 m。一般采用聚氯乙烯无滴膜。

（十三）温室的压膜线

塑料薄膜日光温室的前屋面覆盖后，一般利用专用扁形压膜线，可用 2～3 年，伸缩性小，强度大，效果好。

（十四）日光温室前屋面上覆盖的草苫和纸被

草苫和纸被是塑料薄膜日光温室前屋面上保温用的不透明覆盖物，夜间一般覆盖 3～4 cm 厚的草苫能保温 4～10℃，4～7 层纸被能保温 4～7℃。新型材料做成的保温材料，保温效果好，并适于自动卷帘设备。

（十五）日光温室的通风口

通风换气是塑料日光温室生产中的一项重要技术措施。通风口一是为了调节温度；二是为了增加室内的二氧化碳；三是为了放出水蒸气，降低空气温度一般设两排通风口，一排在近屋脊处，高温时易排出热气，另一排设在南屋面前沿离地1 m高处，主要是换进气体。太高会降低换气效果，太低易使冷空气冲入室内，影响果树生长或出现冷害。

（十六）日光温室的进出口

面积较大的日光温室，常在温室的中间或一端设一作业间，在温室墙上开门，通向室内。作业间可住人，也可存放杂物。面积较小的温室，可在一头山墙开门挂上门帘，以防冷空气进入室内。

第二节
日光温室环境及其调控技术

果树露地自然栽培常因气候条件难以控制，往往会遇到环境灾害或目标管理上力不能及的问题。设施栽培为果树创造了一个特殊的小区环境，通过调节与果树生长发育密切相关的温度、湿度、光照、水分、二氧化碳等因素，在外界非适宜条件下为果树创造了适宜的小气候，以进行反季节果树生产。环境调节是果树设施栽培的重要环节，其调节得适宜与否是设施栽培成败的关键。

一、日光温室光照条件及调控

（一）日光温室光照条件

同露地栽培一样，光照作为果树生长发育的能量基础，在设施栽培中的重要性尤为突出。温室内的光照强度主要取决于室外自然光照状况、温室结构、附属物及周围相关物件的遮阴状况。不管哪种设施结构，总而言之，温室的光照由于支柱、拱架、墙体等的遮阴，塑料薄膜的反射与吸收，塑料薄膜内面凝结水滴或尘埃污染等影响，塑料温室内的光照强度明显低于室外，其强度是自然光照的60%～70%。塑料温室日照时间以12月及1月最短，为6～7 h；5—6月最长，为11～12 h。在垂直方向上，以薄膜为光源点，高度每下降1.0 m，光照强度减少10%～20%，越靠近地面，光照愈弱，所以棚室设计上尤其日光温室，高度不能太高。水平方向上，日光薄膜温室的光照强度（以东西走向为例）以中柱为界线，中柱以南（以前）为强光区，光照强度高；中柱以北（以后）为弱光区，光照强度较低。

（二）日光温室光照状况的调节

1. 合理适宜的温室结构

在充分考虑树种、品种生长发育特性，温度、湿度等便于调控，坚固耐用，抗性较强的基础上，降低温室高度，以增加下部光照；尽量减少支柱、立架、墙体、附属物的遮光影响。

2. 选择透光性能好的覆盖材料

生产经验证明，无滴膜透光性优于有滴膜。另外，应及时清除黏附灰尘、污物等。

3. 充分利用反射光

日光温室内地面铺设反光地膜，或悬挂反光幕，充分利用反射光。

4. 人工补光

在超早保护栽培中，尤其是低干果树如草莓，以及连阴天和雪天，必须利用人工光源补充。

5. 适宜的树形、栽植密度、整形修剪技术

合理密植，不能盲目加大密度；培养采光性能好的树形，如桃树可培养成"Y"形或自由纺锤形，台湾青枣主要采用开心树形；冬剪时及时疏除挡光大枝和背上过高过大枝组；夏季加强修剪，及时摘心、扭梢控旺，疏去密生梢、竞争梢；控根栽培，栽培时起高垄浅栽，促网状水平根，控豆芽状垂直根，防止树冠戴帽遮阴。

二、日光温室温度条件及调控

（一）日光温室气温

设施栽培为果树创造了先于露地条件生长的温度条件，其气温变化对果树生长发育影响极大，高温和低温都会给果树造成不可逆转的伤害。日光温室内气温的高低，主要与天气有关。在晴朗无云或少云的天气，即使在严寒的冬季，白天日光温室内的气温仍可达到 $20 \sim 30℃$，在春季，气温可达 $30℃$ 以上，最高可达 $40℃$；但如果遭遇阴天、多云天气或连续雨天，则温室气温较低，室内外差异不大。冬天和早春进行设施栽培时，由于保温措施不当，温室气温往往出现"室温倒转"现象，即在夜间尤其日出之前的黎明时刻，温室内气温低于温室外气温的现象，这主要由于温室内散失的热量不能得到及时补充所致。"室温倒转"现象会对果树造成很大危害，尤其在花期前后，严重影响坐果率，应采取保温措施加以预防。

温室气温有明显的季节变化特征。在北方 12 月下旬至翌年 1 月下旬，棚内气温最低，尤其是夜间气温，如不采取盖苫等保温措施，一般温度都在 0℃ 以下，基本上不能进行果树生产。2 月至 3 月下旬，温室气温明显回升，夜间如果有保温措施，气温可达 10℃ 以上；在北方可用温室进行夜间无保温措施的春季提前果树生产。此时的白天气温一般可达 25 ～ 30℃。3 月中下旬以后，随着外界气温的升高，温室内气温相应增加，夜间一般可保持在 7 ～ 10℃，而白天气温在晴天少云天气最高可达 35 ～ 48℃，易发生高温危害，须加强温度降低的防风管理。

塑料温室气温的日变化趋势与露地相类似，一般最低温在午夜至凌晨日出前，日出后随太阳辐射，温室效应加强，气温上升，随太阳高度增加，气温上升很快，密闭条件下，每小时可升高 7 ～ 10℃。温室内最高温度出现在 11：00—13：00；14：00 后温度又开始下降。塑料温室的气温日变化比露天自然条件下剧烈，尤其晴天日照好的天气，日较差比露地大，阴雨多云天气气温变化相对平缓。与温室气温的变化相对应，果树进行设施栽培其温度管理有两个关键时期：一是花期前后，此期如温度过高，白天气温超过 25℃，会使花器受伤，柱头萎缩干枯，黏性下降，有效授粉时间缩短，花粉生活力降低，使坐果率降低，幼果发育受阻。但是，如果遭遇低温，尤其是夜间温度降至 0℃ 以下，会发生严重的花期冻害，这是目前生产中普遍存在的问题，也是造成设施栽培失败的主要原因。因此，应注意花期夜间的保温措施。鉴于此，花期一般要求白天气温 20 ～ 25℃，夜间气温 5 ～ 10℃，不低于 5℃；二是果实膨大期，此期主要防止白天温度过高，一般室温如果超过 30℃，会引起新梢徒长，加重生理落果及果实生理障碍等。从整个温室气温特点及果树生长发育习性看，塑料温室的气温调节分为两个关键时期，即扣棚至花期前后的保温，尤其是夜间的保温措施，防止低温冻害；果实发育期白天的适温，尤其是白天防止气温过高，造成高温伤害。

（二）日光温室的气温调节措施

1. 夜间保温

（1）温室加盖草苫、纸被、布帘、无纺布等。

（2）温室内地面全部覆盖黑色地膜。

（3）根据天气预报，在夜间温度骤降时，点火熏烟或人工加温。

（4）挖设防寒沟。在温室壁内外紧贴壁底，挖深 40 ～ 60 cm、宽 40 ～ 50 cm、沟向与温室向相同的防寒沟，其间填充秸秆、杂草、锯末等。

（5）冬暖式日光温室加厚墙体。

2. 白天降温

一旦覆盖保护，不论前期，还是中后期，都要注意白天温室的最高气温，如果超过30℃，就要及时放风降温。目前，我国的温室温度调节还比较原始，降低气温还仅限于通过开启风口而自然降温。一般自上午9：00始放风，16：00关闭透气口保温。放风时间长短应根据物候期、棚内温度灵活掌握。

（三）土温

设施栽培中常出现果树经加温后萌芽迟缓、不整齐、先叶后花、花期不齐等现象，除与自然休眠、气温管理等有关外，覆盖加温后土温上升慢，土温和气温变化不协调，加上土温变幅大，使根系活动迟滞，尤其是表层根系活动不规律有很大关系，因此，在果树设施栽培中，如何在前期提高地温，使土温和气温协调一致，对开花坐果至关重要。生产中，一般扣棚前20～30 d，果园充分灌水后覆盖地膜，以提高地温，原则上早覆，过晚临近扣棚或扣棚后再盖地膜，对提高土温作用不大，甚至使土温上升更慢。

三、日光温室湿度条件及调控

（一）空气湿度

日光温室的空气湿度一般指空气相对湿度。扣棚后湿度迅速上升。空气湿度的变化与气温的变化相伴随，但趋势相反，温度高，湿度低；温度低，则湿度高。温室夜间气温较低，空气相对湿度可达85%～100%；而白天气温较高，湿度一般可维持在60%～70%。日光温室湿度过大，尤其是花期不能开棚放风的情况下，常造成花粉黏滞，生活力低，扩散困难，对坐果影响较大。花期应设法降低空气湿度，使之保持在60%左右较为适宜。到了果树发育后期，如果湿度过大，会使新梢徒长，影响冠域光照和花芽形成，因此，控制过高的相对湿度是设施条件下果树正常生长发育所必需的。降低温室湿度的办法：①通风换气，自然流通降低湿度。②地面全面实施覆盖栽培制度（覆膜、覆草等），减少地面水分蒸发。③控制灌水数量和次数，改变大水漫灌制度，以滴灌、微喷灌为主；不是过分干旱，一般不行浇水处理。④如果湿度太高，可在温室内每隔一段距离用容器放置生石灰、碱石棉等吸水降湿。如果空气干旱，相对湿度低于40%，可进行地面浇水、空气喷雾处理等调节。

（二）土壤湿度

果树温室经塑料薄膜覆盖后，其土壤水分完全由人为调控；由于地面蒸发减少，土壤湿度相对稳定。温室栽培的果树大都是核果类果树，抗旱怕涝，在一定程度上要求少浇水。生产调查及试验结果表明，温室内地面全部覆盖的情况下，整个生育期，在扣膜前充分灌水，其他时期基本上不再浇水。但如果干旱，还需浇水保墒。相比保护地蔬菜、花卉，设施果树的浇水次数和数量大大减少。

四、日光温室二氧化碳浓度及调控

二氧化碳作为植物光合作用生产的原料，对果树的生长发育尤其是经济产量的构成具有重要意义。二氧化碳浓度的高低及变化态势，对设施果树生产较之露地自然生产更为重要。设施保护栽培，由于覆盖物而使光照减弱，温室光照强度大约是自然光照的 60%～70%，相应的光合强度也降低，光合同化能力下降。试验证明，在密闭条件下，通过增加温室内二氧化碳数量，提高二氧化碳浓度，可以弥补由于光照不足而导致的光合能力下降。一般地，当日光温室内的二氧化碳浓度达室外 3 倍时，光合强度也提高到原来的 2 倍以上，而且在弱光下效果明显。目前设施栽培中增施二氧化碳已收到明显的增产效果。

自然条件下大气中二氧化碳含量通常为 0.03%～0.34%。日光温室中的二氧化碳浓度随季节变化较大，温室二氧化碳主要来源于土壤有机肥料的分解、土壤微生物及果树植株的呼吸作用，如果白天放风通气或设施协调开放的出风口等，则温室中二氧化碳与外界大气进行交换。为了便于操作与肥水管理相结合，采用"营养槽"法增施二氧化碳效果较好。具体做法：在塑料温室内果树植株间挖深 30 cm，宽 30～40 cm，长 100 cm 左右的沟，沟底及四周铺设薄膜，将人粪尿、干鲜杂草、树叶、畜禽粪便等填入，加水后使其自然腐烂。此法可产生较多的二氧化碳，持续发生 15～20 d，整个生育期可处理 2 次。

塑料温室二氧化碳增施技术还有以下几种方法：①燃烧法。主要通过燃烧白煤油、液化石油等，释放二氧化碳。②二氧化碳气肥发生法。目前，生产中应用较多的是固体二氧化碳气肥，褐色，直径 10 mm 左右，扁圆形固体颗粒剂，每粒 0.5～0.6 g，含二氧化碳 0.08～0.096 g，每亩施入 40 kg，日光温室室内二氧化碳浓度高达 1 000 mg/kg。施肥后 6 d 即可释放二氧化碳，有效期 90～100 d，高效期 40～50 d。释放完二氧化碳的残渣还含有磷（20.7%）、氮（速效氮 11%）、钙等营养元素。一般在果树开花前 10 d 左右施用，挖深 2 cm 左右的条状沟，施入后覆土 1～2 cm，但应注意，施用二氧化碳气肥，应保持土壤湿润、疏松，尤其施入后不要踏实土壤；温室放风仍可继续，但以中上部为主；勿使气肥粘到花、叶、果实，以免烧伤。③增施有机肥。④通风换气。

五、日光温室有害气体成分及调控

果树日光温室有害气体主要是指氨气、亚硝酸气体、邻苯二甲酸二异丁酯、一氧化碳等。

（一）氨气（NH_3）

果树日光温室的氨气主要来源于未经腐熟的动物粪肥如鸡禽粪、鲜猪粪、马粪、饼肥等，这些肥料经高温发酵会产生大量氨气。由于塑料温室相对密闭，氨气会积累下来。另外，大量施入碳酸氢铵化肥，也会产生氨气。氨气浓度达 5～10 mg/L 时就会对果树产生毒害作用。氨气首先危害果树的幼嫩组织，如花、幼果、幼叶叶缘等，氨气从气孔侵入，受危害的组织先变褐色，后变白色，严重时枯死萎缩。生产中极易把氨气中毒与高温危害相混，应加以区别。不同种类的果树对氨气反应不同，毒害产生的临界浓度亦不同，但当塑料温室的氨气浓度达到 30～40 mg/L 时，几乎所有温室栽植的果树都会受到严重危害，甚至整体死亡。

为了减轻氨气毒害，塑料温室应施用充分腐熟的有机肥料，少用或不用碳酸氢铵化肥，在温度允许的情况下，开启风口通气调节。生产中检测温室内是否有氨气积累，可采用简单的 pH 试纸法。在早晨日出之前（放风前）用 pH 试纸，其上滴加塑料棚膜内的水珠，呈碱性反应就证明有氨气积累。

（二）一氧化碳（CO）

一氧化碳主要来源于加温用燃料的不充分燃烧，我国果树设施栽培中加温所占比例很小，但在冬季严寒的高纬度北方地区所进行的超早期设施栽培，常常需要加以保持较高的温度尤其是夜晚；另外，春天进行的春提前果树设施栽培，以及火龙果、台湾青枣等热带果树北方日光温室栽培，如果遇到突然的降温寒流天气，都需要人工加温以防冻害。此时，要防止一氧化碳的危害，当然也包括防止对操作管理人员的危害。

（三）亚硝酸气体

果树塑料温室的亚硝酸气体主要来源于不合理的氮素化肥的施用。土壤中连续大量施入氮肥，亚硝酸向硝酸的转化过程受阻，但铵向亚硝酸的转化却正常进行，这样会导致土壤中亚硝酸离子的积累，挥发后便导致亚硝酸气体的危害。亚硝酸气体主要从叶片的气孔随气体交换而侵入叶肉组织，初使气孔附近的细胞受害，进而毒害海绵组织和栅栏组织，使叶绿体结构破坏，褐色，出现灰白色斑。一般果树的受害浓度为 23 mg/L。浓度过高，叶脉也会变成白色，甚至全株死亡。

防止亚硝酸气体危害，一是要合理追施氮肥，不要连续大量追用氮素化肥；二是要及时通风换气，确定亚硝酸气体存在并发生危害时，温室土壤可适量施入石灰。

六、日光温室土壤盐渍化及预防措施

（一）日光温室土壤盐渍化的原因及危害

果树设施栽培，尤其是经过多年连续扣棚，土壤中造成盐分积聚而引起的土壤盐渍化，是生产中普遍存在的问题。盐渍化不仅降低了土壤的肥力、缓冲能力和有效微生物的比例，而且对其中的果树植株产生诸多方面的不利影响，生产中应高度重视，想办法加以解决。

除盐碱地外，其他类型土壤的溶液浓度，在露地自然条件下一般为 3 000 mg/L 左右，而在设施生产的塑料温室中可高达 7 000 ～ 8 000 mg/L，严重者达 10 000 ～ 20 000 mg/L。高浓度的设施栽培土壤溶液主要由以下几个方面的原因引起：①自然降雨淋溶作用轻。在设施栽培生长期间，由于薄膜的隔绝，自然降雨的淋溶作用缺乏或很轻，矿物离子、盐类物质在土壤表层积聚。②设施栽培条件下，虽然土壤毛细管作用有所减轻，但仍进行，在高温干旱条件下尤为剧烈，使土壤深层盐分上返，表层耕作土盐渍加剧。③施肥不当，尤其是超量施肥，像大量施用硫酸铵、氯化钾、硝酸钾等化肥，虽然这些肥料易溶于水，但不易被土壤吸附，极易使土壤溶液浓度升高。硫酸根离子、氯离子果树根系根本不会吸收而滞留土壤中，所以果树设施栽培中应严禁使用氯肥。④土壤类型。砂质土壤、黏板土壤，其缓冲能力弱，土壤易盐渍化，而肥沃透气的土地，设施栽培土壤溶液上升慢，盐渍化程度轻。⑤设施栽培年限。设施栽培年限越长，盐类浓度越高，土壤盐渍化程度加剧。设施栽培土壤盐类浓度即盐渍化程度对果树生长发育的影响，一般用电导率（EC）的高低表示。电导率越高，则土壤溶液浓度越大。但导致果树生长发育障碍的电导率临界点（值），因果树种类和土质类型不同而异，桃树临界值低，葡萄则高；砂质土、黏板土临界值低，而有机质含量高的土壤临界值高。

土壤盐类浓度即盐渍化程度对果树生长发育的影响分为 4 种梯度。土壤浓度总盐含量在 300 mg/L 以下，果树一般不受危害；总盐浓度在 3 000 ～ 5 000 mg/L，土壤中可检出铵，此时，果树对水分、养分的吸收开始失去平衡，导致果树生长发育不良；土壤总盐浓度达到 5 000 ～ 10 000 mg/L，土壤中铵离子积累，果树对钙的吸收受阻，叶片变褐焦边，引起坐果不良，幼果脱落；当土壤中总盐浓度达到 10 000 mg/L 以上时，果树根系细胞发生普遍的质壁分离，新根发生受阻，导致整株枯萎死亡。土壤盐分积聚的快慢与轻重，除与果树种类有关外，与土壤有机质含量密切相关，有机质含量高，盐分积聚慢，经多年设施栽培后盐渍化程度低；有机质含量低，则盐分易在土表积聚，盐渍化严重。果树日光温室生产中，经常出现果树"生理干旱"的现象，即虽然经常灌水，但只有土表浅层湿润而根系集中分布层或较深层仍然干旱少水而致地上干旱。这种现象的发生，主要是由于反复浇水，表层土壤孔隙度减少，盐类成分在土表积聚而形成一层"硬壳"，使水分不容易渗透到土壤内部。

（二）果树日光温室土壤盐渍化的预防

1. 增施有机肥，提高有机质含量

果树日光温室生产应特别注意增施有机肥，尤其是充分腐熟的有机肥，可以提高土壤有机质的含量，增加土壤的缓冲能力，还可提高温室内的二氧化碳浓度，一举多得。增施有机肥，是防止土壤盐分积聚，减轻盐渍化的根本途径。

2. 合理施肥

设施栽培，由于自然降雨的淋溶作用减轻，无机肥料（化肥）的有效期和利用率提高，因此，各种化肥的使用数量应较自然露地栽培条件下适当减少，一般为自然条件下的 1/2 ～ 2/3。同时，注意选择无机肥的种类，由于硫酸铵、硫酸钾等肥料，硫酸根离子不易吸收而滞留土壤引起盐分浓度上升；而磷酸铵、磷酸钾等肥料，离子吸收完全平衡，易被土壤吸附，不致引起土壤盐分浓度上升，故而果树日光温室生产，应选择磷酸类无机肥料。最后，施肥中应禁止偏施氮肥，应做到多元复合，配方施肥。

3. 及时揭膜，增加淋溶

不论春提前还是秋延迟设施生产，在果实成熟或采收后，只要外界自然条件允许，应及时揭膜放风，增加自然降雨的淋溶机会，减少盐分积聚。

4. 淡水洗盐

一旦发现土壤盐渍化加剧，土壤溶液浓度高而导致果树生长发育障碍，设施栽培结束后，增加灌水的数量和次数，以淡水洗盐，降低盐浓度，或在温室附近挖排水沟，大水漫灌后让水流到沟中排走。

5. 客土改造

经多年设施栽培，土壤表层盐分积聚较多，盐渍化程度较重，普通方法已不容易改造，可采用客土改造的方法。即用没有盐渍化的表层新土把已盐渍化的旧土换掉。客土改造只改造土表浅层 0 ～ 15 cm 的土壤，改造时注意保护根系，尤其是大粗根系。

第三节

日光温室栽培管理技术

一、设施栽培环境调控

（一）设施环境与植株生长

1. 温度

火龙果原产于热带地区，喜高温、怕低温，其最适宜的生长温度为 25～35℃。温度低于 10℃和高于 38℃进入休眠状态，以抵抗不良环境。打破休眠的温度为 12℃和 35℃。过高温度抑制花芽分化，导致不能开花结果，而低于 5℃以下可出现冻害，幼芽、嫩枝，甚至部分成熟枝蔓也可能冻死冻伤。2℃以下嫩枝可能死亡，0℃以下老蔓由局部出现坏死至全部坏死。枝蔓的死亡状态以茎腐病的方式出现。生殖生长与温度关系密切，一般花芽分化要求较高温度，20℃以上花芽正常萌发，较长时间持续在 15℃以下，花芽自然转化为叶芽；25～28℃环境下开花后 30～35 d 果实成熟；15～25℃环境下开花后 35～45 d 成熟；低于 15℃成熟期延长，甚至幼果可能长期不成熟，即使成熟也难以膨大，表皮不能红。露地栽培一般应在 20℃以上地区种植。设施栽培则不受地区限制，而取决于设施类型和环境及管理水平。

2. 光照

火龙果为喜光植物，需要较强的光照。一般要求光照强度在 8 000～12 000 lx，良好的光照有利于火龙果的生长和果实品质的提高。同时由于火龙果是附生类型的仙人掌，对阴生环境也有很强的适应性，但光照低于 2 500 lx 植株颜色变淡，蔓茎徒长变细弱，对营养积累有明显的影响，同时其生殖生长受到严重抑制。另外，对于比较老熟的枝条，集中高强度日光照射，如果时间太长，积累的温度得不到散发，可能会导致该部分出现灼伤。因此，在日光过于强烈的地区和北方日光温室夏季炎热期栽培火龙果时，应适度遮阴，以不超过 50% 为宜，以利于植株生长。

3. 土壤

火龙果对土壤类型和土壤的适应性较广，一般土壤均可种植，但以疏松透气、排水良好、保肥保水性强、富含有机质的土壤上生长快、产量高、品质好。其最适宜的土壤 pH 值范围在 6.0～7.5。地表以下 2～10 cm 是根系的主要活动区，且火龙果有大量的气生根，说明其根系和植株有高度的好气性，土壤透气不良或酸碱性过高，直接导致根系死亡。土壤板结、黏重、积水直接抑制植株生长，种植前必须进行土壤改良。

4. 水分

火龙果因其不定期休眠和由大量薄壁组织构成的生理特点，使其具有很强的耐旱能力，但正常生长发育要求有足够的水分供应，同时多次和较长时间的休眠，必然直接影响经济栽培。因此，栽培上必然适度灌水，既要保障其有正常生长的足够水分，又要避免太多水分长期存在植株根区。同时还需要一定的空气湿度。研究表明，其植株生长环境的最佳空气湿度为 60% ～ 70%。空气湿度过大，易诱导红蜘蛛和一些生理病害发生。

（二）设施栽培环境调控

火龙果北方日光温室栽培主要依据其对温度、湿度、光照等需求，人为创造其生长结果所需的最佳环境条件。和北方落叶果树相比，由于其植株没有自然休眠期和新枝生长、花芽分化、开花、坐果、幼果发育、果实成熟等主要器官形成对环境要求敏感的物候期，均在北方生长季节最佳环境时期进行，因此，在北方日光温室中，对环境适当进行调控就完全可以满足其需求，因而管理操作十分简单易行。而北方冬季低温期正是火龙果植株营养生长阶段，只要满足其越冬温度需要，即可安全通过。

1. 温度调控

火龙果在北方日光温室中栽培，全年均应在扣膜的保护之下，以便于设施环境调整。其中秋冬季节（10月底11月初），当棚内温度夜间降至12℃以下时开始加盖草苫保温，白天揭开草苫增光升温，并注意白天最高温度不超过35℃，中午注意通风换气，以保证植株正常生长和越冬需要。冬季严寒期（12月至2月），应注意夜间利用火炉等设施加温，尤其是雪天、阴天，必要时还应利用日光灯等进行增光，温度应保证在5℃以上，最好在8℃以上，以确保植株安全越冬对温度需求。早春季节（3月底4月初）当外界温度持续升高并稳定，而且棚内夜间温度持续保持在12℃以上时，可停止揭盖草苫保温，并注意中午前后通风换气，控制白天温度不超35℃，尽量保持温度在 20 ～ 25℃，以促进植株生长与结果；随着外界温度的逐渐升高，应注意白天温度的调控，并加大裙膜和顶膜的通风量，到6—8月北方夏季高温期可完全打开顶膜和裙膜，以利降温，白天温度控制在35℃以下，并注意傍晚适度通风，加大昼夜温差在10℃以上，以利花芽分化、花器形成、授粉和果实发育及成熟。温度过高、光照过强时，还应适当遮光降温。秋季（9月中旬）当外界温度持续降低，棚内夜间温度低于12℃以下时，应重新扣棚膜包括裙膜和顶膜，以利棚内温度升高，并注意控制棚内温度范围在 12 ～ 35℃，并随着外界温度的持续降低，当棚内夜间温度难以控制在 12℃以上时，加盖草苫保温。

2. 湿度调控

火龙果设施栽培最佳空气湿度以 60% ～ 70% 为宜。一般通过土壤灌水、植株喷水、地面洒水来增湿，通过通风换气来降湿。

3. 光照调控

4—9 月火龙果露地生长阶段，光照条件基本等同于自然光照，只是在高温强光季节可通过遮阳网适当遮阳降温即可，也可不调节完全露地生长。扣膜期间应加强光照调控，促进光合作用，以利于植株生长和果实发育及成熟。其主要措施有：①选择合理适宜的棚室结构。②选择无滴膜等透光性能好的覆盖材料。③铺设或悬挂反光膜，增加光照。④连阴天或雨、雪天，利用荧光灯、水银灯等人工光源补光。⑤合理调控植株树形和修剪及设立支架等，保证植株透光良好。

4. 气体调控

火龙果气体调控集中于扣膜阶段，其主要任务是增加二氧化碳的浓度，降低有害气体的影响。火龙果扣膜阶段正值果实发育、膨大和成熟阶段，需要消耗大量光合产物。而封闭的设施内二氧化碳由于光合作用的不断消耗造成浓度降低，不能通过外界气体流通获取补充，因而又抑制了光合作用的正常进行，减少了经济产量的形成，降低了树体的抗逆性。因此，应及时采取有效措施进行补充。其补充调控方法有：①土壤增施有机肥释放二氧化碳；②在不降低温室温度条件下及时通风换气，补充自然中的二氧化碳；③通过燃烧白煤油、液化石油或利用硫酸和碳酸盐的化学反应产生，以及施用二氧化碳气肥等人工补充二氧化碳。

此外，还应通过通风换气、科学合理施用氮素化肥，不施用未经腐熟的动物粪肥，以及减少加温燃料不充分燃烧等管理环节，减少亚硝酸气体、氨气、一氧化碳等有害气体对植株的危害。

二、设施栽培管理技术

1. 土壤管理

火龙果植株根系分布极浅，好气性强，因而要求土壤通透性能好、排灌能力强，土壤肥沃有机质含量高，土质含沙量以 30% 以上为好。因此，应在定植前进行全面土壤改良，尤其是黏土必须加沙和增施有机肥。定植后及成年植株定期进行土壤浅耕和除草，使土壤处于疏松无杂草状态；还可以进行地表薄覆稻草、稻壳、麦秸等，既抑制杂草生长，又可稳定土壤温湿状况和保持土壤通气良好。火龙果一般不进行地膜覆盖，以免影响根系透气和地表温度过高灼伤根系。同时也不应用除草剂等，以免伤及根系，抑制植株生长。

2. 施肥

火龙果植株的根系细胞渗透压极低，对土壤的含盐量高度敏感，如果施入盐类含量大于 0.3%，就可能出现反渗透，而抑制根系生长。因此火龙果施肥浓度应掌握宁淡勿浓，薄肥勤施为原则。肥料应以多钾、磷、少氮成分的肥料为主，宜多使用农家肥，如鸡、鸭、猪、牛、羊等畜禽粪腐熟后，混合土壤施用。动物的骨粉、蛋壳粉、碎贝壳粉含有丰富钙质，有利于植株健壮。草木灰不但是优质钾肥，而且富有碱性，施用后可调节土壤酸碱度，改良酸性土壤。北方的土壤大多为碱性，施入腐熟的鸡粪，可缓和其碱性。豆饼、花生饼等腐熟后施用效果好，不但可促使果实丰产，而且还能提高果实品质。另外，根据植株生长和结果需要，也可施用一定数量的化肥，如复合肥、钾、磷肥等，还应特别注意在挂果期施用一些富含多种微量元素的肥料。施用化肥应掌握少量多次的原则，最好混入农家肥中施入。

施肥时期，定植成活后火龙果恢复生长则可少量施用液体肥料或复合肥料，以促进枝条抽生，如人粪尿腐熟后稀释 10 倍，每个月施用 1～2 次。以后，根据不同的生长阶段和植株大小，灵活掌握。一年按照不同的要求一般使用 4 次，分别是催梢肥、促花肥、壮果肥和复壮肥，大约分别在 3 月、7 月、10 月和 11 月。成龄植株每年施肥量农家肥不得低于 5 kg，产量高的每个月必须追加壮果肥。如果植株表现缺氮，老熟过快，表现为生长量不够，可以每次施肥时添加总量低于 0.3% 氮肥（氮含量）。同时针对不同区域土壤不同时期可能出现的营养元素和微量元素缺乏，一定要结合农家肥适时添加。秋季过后天气转凉，植株生理活动缓慢，仅可少量施入淡薄肥水，冬季大部分植株处于冬眠状态，应停止施肥。施肥时间最好选择晴天的清晨或傍晚进行，施肥方法以土壤浅施、液体肥淋施、有机肥表施为好，尽量避免伤及根系。

根外追肥也是火龙果常用施肥方式，可在火龙果的关键需肥期采用，如生长前期可喷施 0.2%～0.3% 尿素 3～5 次，促进枝条生长，后期可喷施 0.2%～0.3% 磷酸二氢钾 3～4 次，促进枝条成熟和果实发育。还可喷施硼、钙、锌、钼等微量元素，补充植株微量元素的不足。

3. 灌水与排水

火龙果植株一年不同生长季节，对水分的要求各不相同。灌水是丰产优质栽培的一个非常重要的环节，必须根据植株生长发育需求和土壤水分状况适时适量灌水。一般在早春季节，气温较低，植株生长缓慢，水分消耗少，植株不需要补充太多水分，随着气温的升高，植株进入旺盛生长阶段，此时必须充分灌水。盛夏阳光强烈，气温过高，植株会出现短暂半休眠状态，应控制灌水，否则，灌水太勤，水分过多，易引起烂根，导致植株死亡。秋季气温适宜，昼夜温差大，植株生长旺盛，应增加灌水。灌水还需要结合施肥和气候情况加以调整，天气炎热气温高时水分消耗量大，应适量多灌水，气温低和阴凉天气时应少灌水。火龙果在挂果期应特别注意水分的管理，应以不干不湿为原则，大批采果期前应停止灌水，以利于果实含糖量的提高和品质的增加，并防止裂果。灌水应坚持不干不浇，浇则浇透的原则，灌水时间应选择在早晨或傍晚进行，烈日下灌水会损伤植株的根系，尤其是火龙果有夜间生长的习性，傍晚浇水有利于植株生长。灌水可采用穴灌、沟灌、滴灌等方法，灌水量为田间最大持水量的 60% ～ 80% 为宜，以湿透根系主要分布层为准。

火龙果根部最怕缺氧，忌积水，土壤水分过多，透气性减弱，有碍根的呼吸，易引起落果，降低果实风味，甚至导致植株死亡。因此，除做好保水和适时灌水外，同时还应做好排水工作。北方设施栽培一般采用宽垄栽培和设施保护，能很好解决积水问题。

第八章

 火龙果常见病虫害
及其防治技术

栽培火龙果时，应依据产区情况，对栽培方法进行适当调整，使火龙果质量、产量提升，并具备经济效益、生态效益等，实现预期生产栽培目标。火龙果栽培过程中，病害有软腐病、溃疡病、疮痂病、炭疽病等，虫害问题主要由蚂蚁、红蜘蛛、棉蚜等引起。可通过科学控制土壤病原菌传播，施用有机肥、磷肥、钾肥等，使植株具备较强的抗病性。

第一节
病虫害绿色防控技术

火龙果病虫害问题持续存在，严重影响了果品质量。农药的滥用和误用致使传统的化学防控技术手段带来生物多样性降低、害虫抗药性增强、农药残留和环境污染等弊端，火龙果病虫害绿色防控技术应运而生。绿色防控技术是以生态调控为基础，通过综合使用各项绿色植保技术，包括农业、生态、物理等非化学防控技术以及生物农药等应用技术，有效、经济、安全地防控农业病虫灾害，从而减少化学农药用量，保护生态环境，保证农作物无污染。但目前有关火龙果绿色防控技术的研究较为薄弱并且未广泛系统地推广应用，故而迫切需要有效的绿色防控技术应用于火龙果生产。

我国火龙果种植区多属于热带和亚热带季风气候，降雨充沛。高温高湿的气候利于火龙果各种病虫害的发生和扩散蔓延，对火龙果产量、品质影响极大，严重威胁着火龙果产业的健康发展。在不同地区以及不同时期，火龙果的主要病虫害种类不同。

目前，对于火龙果病虫害的防治主要还是以化学药剂为主，但尚没有专门针对火龙果病虫害防治的药剂，可选择的药剂种类也明显不足。随着火龙果种植面积的扩大，国内外许多地区都提出了火龙果病虫害综合防治技术，主要包括抗病虫害品种选育、提高树体营养以增强抗性、果园卫生清理、化学药剂防控、基于诱剂和诱饵的灭除技术、应用病原微生物和天敌开展生物防治等。

随着人们对食品安全、环境安全的日益重视，农药减施技术研发成为火龙果产业发展的迫切需要。高效低毒及新型药剂的筛选研发、高效低用药量喷药技术及机具的应用，对农药减量增效有直接的推动作用。除此之外，物理防治、农业防治、理化诱控、生物防治等绿色防控技术的应用也将大大降低农药的使用量。随着这些关键技术的进步，针对不同病虫害集成综合防治技术成为研发重点，这些技术的推广应用将使农药使用量大幅降低，经济效益不断提高。

一、农业防治技术

农业防治是在火龙果生产过程中，有目的地创造有利于火龙果生长发育的环境条件，使植株生长健壮，提高抗病虫的能力；同时创造不利于病虫害活动、繁殖和发生为害的环境条件，减轻病虫害的发生程度。黄露迎强调尽可能种植抗病品种，严禁选用病苗种植；孙绍春等发现合理修剪以改善通风透光条件，可减少炭疽病、溃疡病、堆蜡粉蚧等病虫害的发生；罗雪桃提到增施有机肥增强火龙果茎部表皮的硬度以增强抗虫能力；林凤昌则对火龙果无公害高产栽培技术进行探究。

（一）抗性品种的选育

火龙果栽培时，选种尤其关键，应选择抗病虫性强、优质、高产、商品价值好并且适合当地气候和土壤的火龙果品种。不同火龙果品种抗病性不同，红皮红肉的火龙果对茎腐病抗病性较差，而大龙火龙果系从国内外引进的火龙果种质资源中选育出来的优良红肉火龙果品种，与白肉对照品种相当，适应性与抗逆性较强。金都1号抗炭疽病、溃疡病较好。刘菊香等通过引种我国台湾最新选育出来的红心火龙果品种，发现该品种抗病性强，环境适应性较强。

（二）无病虫苗木的选育

无病毒苗木具有根系发达、抗病性强、早花早实、丰质优产等特性。繁育健壮火龙果种苗时选择野生三角柱（霸王花）作砧木，在地势高、有机质丰富的砂壤土苗圃内选择健康充实的枝条作扦插母株为最佳。栽种时挑选根系完整、植株饱满、没有病斑、没有虫口的种苗可以提高种苗发育率。目前无病火龙果苗木应用还较滞后，加强优良抗性无毒苗木的培育和种植，有助于从源头控制溃疡病、炭疽病、茎腐病等病虫害传播蔓延。

（三）栽培管理技术

加强水肥管理，促进蜡质层保护，可增强植株抗性。种植时，注意开好排水沟渠，防止雨季渍涝，干旱季节要及时抽水灌溉，在地面覆盖杂草和作物秸秆，可提高火龙果果园保土蓄水能力，每年施肥4次（即施1次花前肥，施2次壮果肥和施1次越冬肥），土表撒施，多施有机肥，利于果实吸收营养，提高树体抗病力。

修剪管理是必不可少的管理技术，秋卓君发现合理修剪树枝，能改善植株营养，提高坐果率；卢艳春研究表明夏季适合采用打顶结合疏剪方法。火龙果果园应及时修剪枯死的主茎和部分侧枝，适时去顶，防止倒伏，能有效减少养分竞争，通风透光；清理出来的病枝和杂草以及病果要进行无害化处理以减少虫口数。

合理的种植布局有利于保护生态平衡和生物多样性。苏明提出种植红肉火龙果时与一定数量的白肉火龙果间种，可以利用白肉火龙果来提高红肉种苗发育的成功率；李绍先利用在火龙果旁栽植白菜或芹菜类蔬菜，引诱刺蛾类害虫产卵来避免火龙果嫩芽受害。

（四）设施栽培技术

设施栽培在果实成熟期可免于外界环境因子干扰，果品和产量都比露地栽培稳定。近年来，北方地区积极推进设施大棚火龙果引种技术，刘菊香等在红心火龙果栽培中采用双层塑料薄膜保温栽培技术，保证火龙果枝条免受冻伤而死亡。南方各地逐步采用 A 形架栽培法栽植，通常定植密度为每亩 400～450 株，种植深度不得大于 5 cm，栽植时浇足定根水、施足有机肥覆盖薄土可以保持土壤湿润，同时覆盖黑色地膜抑制杂草、促进树冠形成。

二、物理防治技术

利用较简单的工具和各种物理条件来防治病虫害，可减少化学农药的施用，提高农副产品品质和经济效益。当前，火龙果病虫害物理防治技术，如灯诱技术、色诱技术、套袋技术、刮治病害等技术已逐步被农民所接受并得以推广。

（一）灯诱技术

害虫灯光诱控技术是利用昆虫的趋光性来防治害虫的一种技术，具有高效、绿色、无残留、不产生抗性等特点。蛾类对光有趋性反应，可以利用频振式杀虫灯捕杀。频振式杀虫灯和太阳能灯可以诱杀斜纹夜蛾、尺蛾类、刺蛾类、金龟子等害虫，但因成本较高，火龙果园中的灯诱技术应用还较少。

（二）色诱技术

色诱技术是利用昆虫的趋黄（蓝）性来诱杀农业害虫的一种物理防治技术。生产上，悬挂黄板或蓝板应在火龙果虫害发生前，每亩悬挂 30～50 块黄板，悬挂在火龙果架上 15～20 cm 的高处，板面为东西向，可以减少棉蚜、橘小实蝇、红蜘蛛、蓟马和蛾类害虫等对火龙果果实的危害。

（三）套袋技术

水果套袋技术可以有效提高果实品质和降低水果农药残留量。李所清等的研究表明，普通红皮红心火龙果采用尼龙网以及无纺布透气等性能良好的材料进行套袋更为适合。在果实发育定型时应用套袋保果，防止成虫产卵于果实上，减少橘小实蝇对火龙果果实的危害，可以促进果实着色，提高果实商品率。

（四）刮治病害

刮治法是以切刮病斑来进行治疗，是避免病死枝的主要措施。梁秋玲等的研究表明，黑斑病、茎腐病、软腐病等病害发生时要及时刮治，剪去病枝，使用波尔多液涂封，防治效果较好；李绍先提到，在发现火龙果发生软腐病时，可直接用无毒刀具切除茎部，也可以用刀将溃烂组织剖开引流，让伤口自然干燥。

三、生物防治技术

生物防治是利用有益生物或生物的代谢产物来防控病虫害，如生物农药、天敌诱杀、性诱杀等生物防治技术。张振华等的研究发现，对火龙果溃疡病菌拮抗效果较好的菌株皮氏类芽孢杆菌可长期有效控制该病害。赵航等的研究发现，使用性信息素诱捕器能有效防治橘小实蝇，蛀果率在2%以下，性诱剂诱集橘小实蝇效果比物理诱黏剂显著。充分利用天敌资源减少害虫，是绿色环保且效果显著的防治措施，在果园释放鸭子可捕杀火龙果植株上的蜗牛。

绿色防控技术的推广和应用，既能减少农药使用量，又能减少农药残留，同时提高农产品质量，具有显著的经济效益、生态效益和社会效益。然而，当前的火龙果绿色防控技术没有形成完善的集成应用体系，技术应用程度较低，缺乏系统性。

因此，重点将生物防治、生态控制、物理诱杀等绿色防控技术组装到综合防治技术体系中，优化配套和集成创新各种有效绿色防控，加快节能、环保、安全和高效的综合防治技术产品投放市场，强化绿色防控技术体系示范推广，则能更好、更快、更高效地提高绿色防控技术的应用。

第二节

常见病害及其防治技术

在火龙果上记载发生的病虫害有30多种，危害比较严重的病害有溃疡病、炭疽瘟病、茎枯病、茎斑病、软腐病等。目前，对于火龙果病害的防治主要以化学防治为主，火龙果果实从开花至果实采收仅需30～45 d，相较其他果树生长期短，因此在药剂使用上需特别注意。

火龙果病害不外乎是由病原的存在、寄主作物的存在和适合病害发展的环境所造成，因此，病害管理措施应注意降低病原优势，如摘除感病组织、进行清园、加强田间卫生管理或使用药剂；避免寄主与病原接触，如适时套袋或另寻新植地等；增强寄主抗性并制造适合寄主但不适合病原发展的环境，如创造通风条件、避免潮湿等，把握以上原则即可取得良好的防治效果。

一、溃疡病

（一）病原

　　溃疡病病原菌为新暗色柱节孢［*Neoscytalidium dimidiatum*（Penz.）Crous & Slippers］。菌丝黑褐色、可分枝、有隔膜，脱节后形成节孢子。孢子为单胞，无色透明，呈圆柱形、圆形或卵圆形。分生孢子单胞，无色透明，呈椭圆形或长椭圆形。

（二）危害症状

　　该病可危害火龙果茎、花瓣、苞片及果实，发病初期在新生嫩梢、花蕾及成熟茎前端的上翘处等幼嫩部位产生直径 1～2 mm 的白色圆形凹陷病斑，部分病斑中心出现橘色小点，逐渐扩大为突起的膨大橘斑，常数个病斑融合，最后变成褐色木栓化组织（图 8-1 至图 8-3）。病斑可因外力而脱落，造成茎部空洞，高温高湿时，病斑周围组织出现黄色水渍溃烂，并向茎部上下蔓延，严重时受害茎部肉质组织会完全腐烂而仅剩中间维管束（图 8-4、图 8-5）。果实也会出现像茎部一样的症状，有些果实病斑会成片结痂，进而造成果实龟裂腐烂。该病有时也感染幼果，造成果实黑心。在我国火龙果种植区，目前以该病害危害最大，不仅造成枝条溃烂、幼果僵化（图 8-6、图 8-7），也会导致成熟果实表皮斑驳或黑化腐烂，大幅降低或完全失去商品价值。病害严重时，可造成果株死亡，甚至果园荒废。

图 8-1　茎部溃疡病发病初期产生圆形凹陷小白斑（部分病斑中心有橘色小点）

图 8-2　茎部溃疡病产生的小白斑扩大为突起膨大橘色红斑

图 8-3　茎部溃疡病数个病斑融合变成褐色木栓化组织

图 8-4　茎部溃疡病溃烂病斑

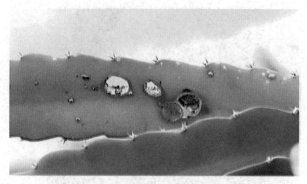

图 8-5　茎部溃疡病病斑周围组织出现黄色水渍溃烂

图 8-6　溃疡病在果实上造成的斑点

图 8-7　溃疡病严重时僵化的果实

（三）发病条件

病原菌喜高温高湿，尤以夏季高温降雨时，病害发生最为严重。茎部病斑上的分生孢子为主要感染源。病原菌扩散缓慢，先在种苗表面潜伏或在种苗表面产生不明显的病症，成为初次传染源，以带菌种苗被引入，随雨水喷溅传播至健康部位、邻近植株或果园。果实与幼嫩茎部特别敏感，病菌不需伤口即可直接由表皮入侵，老熟茎部组织受害较少。病菌入侵组织后，14～20 d 出现病症。病原菌最适生长温度为 30～35℃，尤其在梅雨与台风季节，雨水有助于病原菌传播，茎节上的水分利于病原菌的感染，因此在幼嫩组织及伤口最容易发病。温度低于 20℃不利病原菌生长，因此冬季时病势受限制。病原菌可存活于病斑上，翌年气温回升加上露水或雨水的传播，为果园主要感染源。另外，田间操作使用的带菌工具也可能造成病的传播。

（四）防治方法

1. 选择健康种苗

选择健康无病害的枝条，并种植于新种植地。在带病果园工作后，勿进入健康果园，避免将病菌带入。

2. 清园

配合每年 11 月至翌年 3 月果园枝条生长养护期，剪除受害枝条以减少感染源，并且用等量式波尔多液 200～250 倍液喷施新生枝条以保护其不受感染。波尔多液可抑制溃疡病病菌的菌丝生长，达到杀菌与预防发病的效果。施用顺序如下：先喷施等量式波尔多液 1 次，杀死感病组织上的病菌，避免后续清园时病原扩散，同时给新生枝条提供一层防护层；7～10 d 后彻底剪除感病枝条，并掩埋或移除田间；当天或隔天再次施用 1 次等量式波尔多液保护枝条伤口，并加强保护新生枝条。以上步骤连续 3 次以上。

注意事项：波尔多液会附着于火龙果各组织表面，不易被雨水冲刷清除，可以提供长期的保护及杀菌效果。但是，因为本药剂呈现蓝色，会残留于花或果实外表，因此在产期使用可改为 400～500 倍液等量式波尔多液，并在未开花或在果实套袋后再施用。

3. 药剂防治

雨季前后使用 43%戊唑醇悬浮剂 5 000～8 000 倍液、70%甲基硫菌灵可湿性粉剂 800～2 000 倍液或 62%嘧环·咯菌腈水分散粒剂 3 000～5 000 倍液等，抑制孢子发芽；如果果园枝条受害严重，可使用上述药剂抑制病菌菌丝生长以治疗枝条。

二、湿腐病

（一）病原

湿腐病病原菌为桃吉尔霉［*Gilbertella persicaria*（Eddy）Hesselt］。孢囊梗暗褐色至浅褐色，多数直立，少数弯曲，具 1～2 个分枝，多数为 1 个分枝，顶端产生 1 个孢子囊，球形，黑褐色。无假根和匍匐菌丝，囊轴球形、无色。孢囊孢子浅褐色至褐色，短椭圆形或球形。

（二）危害症状

该病发生在开花期、幼果期、采果期及贮藏期，是危害火龙果较为严重的病害之一。雨季时，病原菌常由果梗侵入果实，并使果实在 2～3 d 内完全腐烂，是采收后最严重的病害之一。

花器受感染时，花苞或花瓣产生水渍状溃烂（图 8-8）；危害幼果时，病菌先由柱头或花瓣尾端入侵，再扩展至果实，造成果皮与果肉褐化腐烂，或影响果心部位的发育，造成果实外观转色异常，内部出现黑心。病菌危害成熟果实时，主要由果梗伤口入侵，也可由表皮伤口或鳞片伤口侵入，初期出现深色水渍状病斑，并于 2～3 d 后扩大布满果实，病斑边缘与未感病组织的交界明显，果表及果肉完全软腐，用手轻触，腐败果皮立即脱落（图 8-9）。

图 8-8　感染湿腐病的火龙果花

图 8-9　感染湿腐病的火龙果果实

（三）发病条件

以孢囊孢子为主要感染源，依靠风雨传播。病菌孢子存在于空气中、土壤表面与花瓣上，或是残存于弃置田间的病花或病果。幼嫩组织若有伤口产生（风伤或昆虫咬伤），或与枝条太贴合而积水（或湿度过高）时，容易被病菌入侵感染而腐烂。在高湿环境下，感病组织表面于短时间内即产生大量黑色粉状物，即为孢囊孢子，成为田间二次感染源。采果时，病菌容易由果梗伤口入侵，尤其在雨季采收，发病特别严重。在常温运送过程中，若有果实发病也会传播至其他果实。

（四）防治方法

1. 田间清洁

清除感染病的花和果实，并销毁或掩埋。降雨季节，应将果园内的谢花与落果一并清除，以减少果园中病原菌的潜伏场所。

2. 注意采收

勿在露水未干或降雨时采果，以减少病菌侵入机会。此外，采果时，勿直接将果梗剪断，应将果梗连同茎部组织一并剪下，以延长果实销售时间。

3. 药剂防治

雨季前后喷施 62% 嘧环·咯菌腈水分三粒剂 3 000 ～ 5 000 倍液、43% 戊唑醇悬浮剂 5 000 ～ 8 000 倍液、25% 吡唑醚菌酯乳油 2 000 ～ 3 000 倍液等；或是于产季前，全园喷施等量式波尔多液 200 ～ 500 倍液，降低田间病菌密度。

三、煤烟病

（一）病原

煤烟病病原菌为枝状枝孢菌［*Cladosporium cladosporioides*（Fre.）De Varies］。分

生孢子梗从气孔伸出，无色至淡色，直立，不分枝，一侧或两侧生。分生孢子宽圆柱形或长椭圆形，平滑，无色至淡褐色，大小不一，分隔处稍缢缩，孢脐增厚，暗色。

（二）危害症状

病害多发生于花和果实上，受害部位开始时出现少许黄绿色的霉状物，随后霉状物扩大，并转为黑褐色或黑色，主要分布于果实鳞片与表皮处。如用湿纸巾擦拭，可将霉状物去除。严重者影响果实表面受光，造成后续果实表皮转色时煤烟处转色不良，表面呈现绿褐色斑点，影响果实卖相（图8-10、图8-11）。

图8-10　感染煤烟病的火龙果幼果

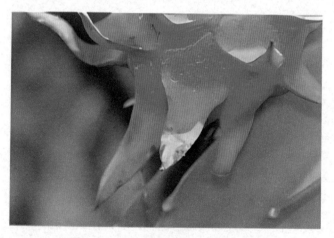

图8-11　感染煤烟病的火龙果成熟果

（三）发病条件

煤烟病病菌以蜜露为营养，在果实表皮上生长，但不会入侵果实。火龙果的花与幼果都会产生蜜露，尤其果实在发育过程中不断累积蜜露，吸引病菌附着在表面。蜜露较多者，病害亦较严重。初感染源可能来自谢花或空气中的病原孢子。

（四）防治方法

调节栽培与施肥技术，减少果实蜜露的分泌。蜜露产生多少可能与土壤铵态氮肥含量有关，如何通过调整土壤铵态氮肥以在蜜露与果实质量间取得平衡，有待进一步探讨。幼果产生蜜露后，煤烟病发生前，即以清水冲洗掉蜜露。使用可通风的套袋，如全网袋或改良式套袋。

四、果腐病

（一）病原

果腐病病原菌为仙人掌平脐蠕孢［*Bipolaris cactivora*（Petrak）Alcorn］。分生孢子梗丛生或散生，直或稍弯曲，顶端屈膝状，呈褐色，具分枝，具隔，内壁芽生式产孢。分生孢子纺锤形或梭形，直或弯曲，褐色，具 1 ～ 5 个假隔膜，多数 2 个，不缢缩，顶部细胞较小，基部脐点略突出或不明显，从两边细胞萌发出芽管。

（二）危害症状

病原菌存在于土壤、禾草、空气等环境中，可为害授粉后的花，幼果和采后贮运的果实。火龙果的花授粉后花瓣萎蔫，遇潮湿多雨闷热天气时，花瓣易感染病原菌，变褐软腐，并长出灰色霉层，产生大量孢囊孢子（图 8-12）。当花的柱头携带病原菌时，在授粉受精过程中潜伏在子房内，随着果实膨大为害幼果，感病幼嫩果实停止膨大，提前转红，果实心部发生褐变并由内向外腐烂（图 8-13）。被害成熟果实开始时出现褪色小斑点，然后病斑继续扩大为淡褐色椭圆形坏疽斑，直径 2 ～ 3 cm，带有黑色横纹，覆盖黑色霉状物，为其产孢结构。当环境潮湿或感病组织湿度较高时，病斑呈现水渍状，波及果实全部组织，造成严重果腐（图 8-14）。

图 8-12　感染果腐病的火龙果花

图 8-13　感染果腐病的火龙果幼果

图 8-14　感染果腐病的火龙果成熟果

（三）发病条件

　　田间果实若在枝条上过久未采，导致果实成熟过度出现裂果，裂口成为病菌良好入侵口，再加上重复使用带菌套袋，病菌大量累积于袋中伺机入侵果实。果实采收后常温贮藏于箱内亦会增加发病概率。

（四）防治方法

在果实过熟前收获，降低生理裂果，避免病原菌诱发病害。为配合农作习惯，建议在花苞时期即开始选择淘汰一批花，使果实成熟期集中，避免部分果实成熟过度。勿过度重复使用套袋，避免病菌累积。产季前全园喷施等量式波尔多液 200～500 倍液以降低果园内病菌密度。

五、炭疽病

（一）病原

炭疽病病原菌为盘长孢状刺盘孢（*Colletotrichum gloeosporioides* Penz）。分生孢子梗无色或基部淡褐色，分枝有或无。附着孢黑褐色，棍棒形或椭圆形，边缘大多规则。分生孢子无色单胞，圆柱形或长椭圆形，顶端钝圆，基部钝圆或稍尖。

（二）危害症状

病原菌偶尔感染茎部，主要危害成熟果实。感病茎部初期有黑褐色或红褐色突起小斑点，后继续扩大为黑褐色圆形病斑（图 8-15、图 8-16）；感病果实白鳞片底部或果梗发病，初期出现凹陷褐色小斑点，病斑会继续扩大，接着病斑中央出现黑褐色针状产孢结构，在潮湿的环境下会产生粉红色分生孢子堆或子囊壳，扩散到果实全部组织，造成严重果实腐烂（图 8-17）。

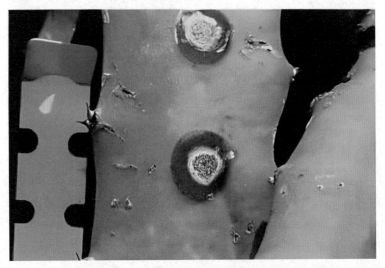

图 8-15 茎部感染病斑中央出现黑褐色针状产孢结构

图 8-16　感染炭疽病的火龙果枝条

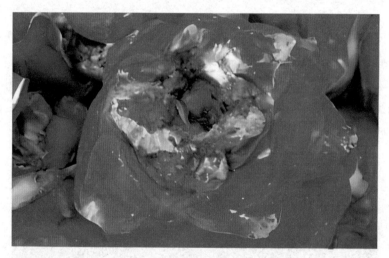

图 8-17　感染炭疽病的火龙果果实

（三）发病条件

病原菌以分生孢子为主要感染源，依靠风雨传播。病菌通常存活于茎部病斑、枯死茎组织或地面植株残体上。在适温高湿环境下，病菌在病残体上形成分生孢子堆，长出大量分生孢子，成为初次感染源，靠雨露传播，侵染植株幼嫩与受伤的组织，但被感染组织不会立即发病，要等到果实成熟采收后才会出现症状。病原菌可感染任何发育期的果实，只是果实未成熟时不会出现病斑。病原菌分生孢子附在表皮组织后，在高湿条件下，于适温 4 h 即可发芽并形成附着器，24～72 h 侵入表皮，但即静止不再发育，直至果实成熟后才开始生长形成病斑。炭疽病病菌寄主范围甚为广泛，可以危害多种果树与作物，因此病原菌的初次感染源也可能来自其他邻近作物。

（四）防治方法

1. 田间清洁

清除感病枝条及果实并销毁，以降低果园中病原菌密度；修剪杂草，去除其他寄主。

2. 适当施肥与整枝修剪

适当施肥与整枝修剪，使果园通风良好、日照充足，以增强植株抵抗力。勿施用不当药剂与植物生长素，以防降低植物抵抗力。

3. 药剂防治

可选择几种药剂轮流使用，包括 32.5% 苯甲·嘧菌酯悬浮剂 3 000 ～ 5 000 倍液、70% 甲基硫菌灵可湿性粉剂 800 ～ 1 000 倍液、25% 吡唑醚菌酯乳油 2 000 ～ 3 000 倍液、40% 双胍三中烷基苯磺酸盐可湿性粉剂 1 000 ～ 1 500 倍液、43% 戊唑醇悬浮剂 5 000 ～ 8 000 倍液、75% 肟菌·戊唑醇水分散粒剂 2 500 ～ 3 000 倍液、62% 嘧环·咯菌腈水分散粒剂 3 000 ～ 5 000 倍液。此外，可于无果期整枝修剪后，全株喷施等量式波尔多液 200 ～ 250 倍液 1 ～ 2 次，以降低果园中病原菌的密度。

六　褐斑病

（一）病原

褐斑病病原菌为交链孢霉（*Alternaira* sp.）。分生孢子梗丝状，有分隔。分生孢子褐色或暗褐色。

（二）危害症状

果实初期病症为产生褪色小斑点，渐成为直径 1 ～ 1.5 cm 灰褐色病斑，湿度高时，病斑密布白色菌丝或成串黑褐色分生孢子，严重者病斑凹陷、果肉腐烂（图 8-18）。本病菌偶尔感染茎部，病斑呈不规则木栓化斑，外围淡褐色，直径 0.5 ～ 2 cm，橘红色至深红色，常微微裂开，极少数严重者茎肉会破裂，但一般危害并不严重。

图 8-18 感染褐斑病的火龙果果实

（三）发病条件

经调查，该病菌一般在火龙果幼果期 2 周时起即入侵感染果实表面，但不会有任何明显的症状，至果实成熟转色时方出现病斑，亦为潜伏感染病害。本病菌最适生长温度为 20 ～ 28℃，40℃以上不生长，4℃仍可缓慢生长，较耐低温，因此低温贮藏会突显本病害的严重性。

（四）防治方法

1. 提前防治

该病菌是否有潜伏期仍有待确认，但由此显示贮藏期病害应提早于田间幼果期即加强防治。可喷洒 32.5% 苯甲·嘧菌酯悬浮剂 3 000 ～ 5 000 倍液、70% 甲基硫菌灵可湿性粉剂 800 ～ 1 000 倍液、25% 吡唑醚菌酯乳油 2 000 ～ 3 000 倍液等药剂 1 ～ 2 次进行防治。

2. 注意田间卫生

该病菌寄主范围广泛，应清除园区周围杂草，减少病原菌来源。

3. 提早套纸袋

提早套袋有助于降低病害发生率，但勿过度重复使用，避免残存病菌累积。

4. 药剂防治

参考炭疽病。

七、病毒病

（一）病原

病毒病病原菌为仙人掌 X 病毒（*Cactus virus X*，CVX）、火龙果 X 病毒（*Pitaya*

virus X，PiVX）及蟹爪兰 X 病毒（*Zygocactus virus X*，ZVX）。

（二）危害症状

火龙果植株普遍感染病毒病，甚至误以为斑驳为其品种特征。果农一般认为病毒病不会影响火龙果产量，但其实际影响可能被低估。

感病枝条较健康枝条生长慢，容易受天气变化或干湿度影响，严重者生长势衰弱。火龙果病毒病害主要由 3 种病毒引起，发生率由高至低为 CVX、PiVX 及 ZVX，田间常见 CVX 与 PiVX 或 ZVX 复合侵染的情形，可危害枝条和果实（图 8-19、图 8-20）。其中 CVX 普遍存在于火龙果中，引起的症状多变，至少有 6 种不同类型，分别为褪绿斑点型、斑驳型、坏疽型、黄化型、黄化轮纹型及嵌纹型等。田间常见症状极轻微枝条，且复合感染的症状也不明显，因此，田间诊断不能仅依赖症状判断为何种病毒感染，须进一步以分子检测进行诊断。

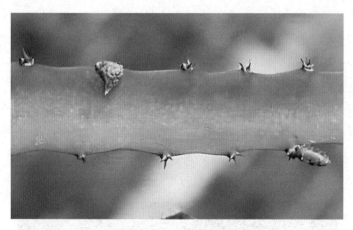

图 8-19　感染病毒病的火龙果茎条（1）

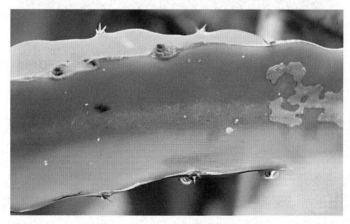

图 8-20　感染病毒病的火龙果茎条（2）

（三）发病条件

火龙果病毒病主要传播途径为使用带病毒的感病枝条进行扦插和机械伤口传播，即果园新植扦插枝条已经带毒，后又经剪刀修剪将病毒传播至其他植株。病毒在新生侧芽浓度较高。

（四）防治方法

种植健康无病毒的种苗。田间清洁。清除感病枝条并销毁，以降低果园病原密度。病毒病害无法以药剂防治，需注意修剪工具的消毒，避免工具带毒传播。例如修剪工具可以使用酒精或漂白水消毒。

八、地衣病

（一）病原

地衣是真菌和藻类的共生体，靠叶状体碎片进行营养繁殖，也可以以真菌的孢子及菌丝体与藻类产生的芽孢子进行繁殖，真菌菌丝体或孢子遇到藻类即可形成地衣，真菌菌丝体吸收的水分和无机盐，一部分提供藻类，一部分提供真菌。

（二）危害症状

地衣是地衣门植物的总称，具有种类多、适应性强的特点，分布广泛，属世界性分布。可附生于火龙果茎上，妨碍其生长，加快其衰老，同时，还有利于害虫潜伏，加重病虫害的发生（图8-21）。危害火龙果的地衣主要为壳状地衣，壳状地衣叶状体形态不一，紧贴于茎表面，难以剥离。

图8-21　感染地衣病的火龙果茎部

（三）发病条件

地衣以营养体在火龙果茎上越冬，早春开始生长，一般在温暖潮湿季节生长最盛，高温低湿条件下生长很慢。在条件适宜时迅速开始繁殖，产生的孢子经风雨传播，遇到适宜的寄主，又产生新的营养体。地衣病的发生与环境条件、栽培管理及树龄密切相关。老龄火龙果园和管理粗放、树势衰弱的火龙果园发病重。

（四）防治方法

1. 农业防治

加强果园水肥管理是防治地衣病的根本措施，也可刮除茎上的地衣并集中销毁。

2. 化学防治

用1%半量式波尔多液200倍液、50%氧氯化铜可湿性粉剂500～1 000倍液或2%硫酸亚铁溶液1 500～2 000倍液喷洒被寄生的茎干。

九、根结线虫病

（一）线虫种类

危害火龙果的根结线虫主要为南方根结线虫〔*Meloidogne incognita*（Kofoid & White）Chitwood〕。

（二）危害症状

1. 地上部分症状

感染根结线虫的火龙果植株新长出的结果枝条扁薄化，不饱满且颜色不够深绿，果实变小。

2. 地下部分症状

感染根结线虫的植株根组织会不规则肿大，无法再长出新根。已长出的根感染根结线虫则会造成根表皮组织不规则突起，剥开突起表皮有大量线虫虫体，最后导致根系腐烂（图8-22）。

图8-22 感染根结线虫病的火龙果根部

（三）发病条件

线虫体型很小，肉眼很难看到。多分布在 0 ～ 20 cm 土壤内，特别是 3 ～ 9 cm 土壤中线虫数量最多。雌雄异体，雌成虫圆梨形，雄成虫线状。线虫可通过带虫土或苗及灌溉水传播。在土壤温度为 25 ～ 30℃，土壤湿度为 40%～70% 的条件下线虫繁殖很快，10℃以下停止活动，55℃时在 10 min 内死亡。在无寄主条件下可存活 1 年。

（四）防治方法

1. 农业防治

田间种植期间如发现根结线虫危害，可选择施用含虾蟹壳粉、苦茶粕或蓖麻粕成分的有机质肥料，以抑制或降低线虫密度。小区域发病时应将病株连根拔除，并将周围含残存根系的土壤一并清除，再回填新土及扦插新苗。全园根结线虫病害发生、植株生长发育严重不良时，应考虑废园重新种植，重新整地前，应先将植株及根部一并清除，再种植水稻轮作 2 期；如采用休耕浸水处理，需 2 个月以上；如无法进行水稻轮作或浸水处理，建议翻耕土壤进行暴晒风干，将土壤彻底干燥，但处理期间要注意防除杂草；另外，可于夏季将土壤翻耕后，覆盖黑色或透明塑料布以提高土温，处理时间需 1 个月以上。以上方法皆可有效降低田间根结线虫残存的密度。选择新地种植前，应注意前期作物是否曾发生根结线虫病害，尽量选择水稻田。

2. 化学防治

可选用 15% 噻唑膦、1% 阿维菌素等颗粒剂，每亩用量 3 ～ 5 kg，均匀撒施后耕翻入土。也可用上述药剂之一，每亩用量 2 ～ 4 kg，在定植行两边开沟施入，或在定植穴施入，每亩用量 1 ～ 2 kg，施药后混土防止根系直接与药剂接触。

十、非侵染性病害

（一）日灼病

1. 日灼病类型

日灼是由于强烈日光辐射增温所引起的果树器官和组织的灼伤，火龙果枝条灼伤会影响其生长及发育，同时造成有机物质合成及运输受阻，严重时会导致火龙果开花异常，结果部位变干、脱落，给火龙果生产造成严重的经济损失。火龙果日灼病分为夏季日灼病和冬季日灼病。传统种植区域如海南、广西、广东、贵州等地夏季日灼病多发，而北方部分地区如北京、天津、山东、陕西、山西等利用设施栽培方式种植火龙果的区域则多发冬季日灼病。

2. 危害症状

火龙果的枝条受日灼后先发黄，继而失绿、脱皮，最终呈干枯状。老枝条较嫩枝条有更强的抗性，轻微灼伤的老枝条在温度降低后可自行修复，嫩枝条灼伤后枝条变正，自行修复能力差，直至死亡。不同品种火龙果枝条日灼受害情况不同。红水晶火龙果枝条在日灼后，枝条整体表现出发红的趋势，枝条表面有灼伤的小红点；蜜宝火龙果枝条在日灼后，整体表现出发黄的趋势，随之变白，枝条表面有褐色的斑点，之后出现变黑、掉皮症状。此外，火龙果枝条不同部位受害情况也有差异，经调查发现，位于栽培架顶端的枝条更容易被灼伤，灼伤情况较严重，种植架两侧的结果枝条的灼伤情况相对顶端枝条较轻（图8-23、图8-24）。

图 8-23　受日灼病危害的火龙果枝条

图 8-24　受日灼病危害的火龙果园

3. 发病条件

夏季日灼病一般发生在4—9月。夏季日灼是由于夏季高温强光，引起日光温室内部在短时间内光照过强、温度过高，导致火龙果枝条皮层及韧皮部因局部温度过高而灼伤，严重时仅剩枝条的木质部。目前火龙果枝条日灼病以夏季日灼病为主。

冬季日灼病一般发生在1—3月。冬季日灼病是由于凌晨2：00至早晨7：00，偶尔出现极寒天气状况，日光温室内部温度短时间处于0℃以下，使枝条皮层细胞冻结，处于休眠状态，待太阳升起后，日光温室内部温度升高到10℃以上，处于休眠状态下的枝条皮层细胞开始解冻，剧烈变温使枝条皮层细胞反复冻融交替而受到破坏。开始受害的火龙果枝条皮层轻微发黄，之后出现裂纹及脱皮，最后局部干枯。

4. 防治方法

（1）土壤适时灌水。高温天气来临时，一般选择上午10：00前或16：00后对火龙果植株根部进行土壤灌水，降低日光温室内部温度，减少日灼发生。喷灌一般选择在下午太阳下山后或凌晨6：00左右进行，切记不可中午12：00至15：00进行喷灌，傍晚喷灌能降低枝条温度，晚上温度适宜时能恢复生长，从而抵抗第二天高温，降低日灼的伤害。

（2）喷布保护剂。近年来，日光温室火龙果种植者在预防日灼病发生方面，主要通过在塑料薄膜上撒施泥浆、喷布降温剂有效解决日光温室内的强光和高温问题，从而减轻日灼对火龙果枝条的伤害。

（3）遮阳。通过搭设遮阳网，可有效缓解日灼对日光温室火龙果枝条的伤害。生产上选择遮阳率在60%～70%的黑色遮阳网覆盖于塑料薄膜正上方即可。

（4）合理整形修剪，提高枝条营养。整形修剪能使火龙果植株储存大量有机物质，枝条表面呈绿色，健壮饱满，抵抗日灼能力增强。北方大部分地区3—4月外界气温时高时低、变化不定，容易造成霜冻和日灼，此时日光温室中的火龙果枝条萌芽力相对较弱，萌芽时间间隔15 d左右，待枝芽长至3～5 cm时，及时修剪，能够保持枝条营养，降低日灼对火龙果枝条的伤害。枝芽较短时，不易被发现，修剪难度大；枝芽较长时，树体营养被过度消耗，使枝条有萎缩的趋势，从而更易被灼伤。

（5）及时通风、揭去塑料薄膜。每年3月初，密切关注天气情况，适时打开塑料薄膜的上下通风口，使之形成对流，可迅速降低温室内部的高温，从而减轻日灼的伤害。若外界温度达到20℃以上时，应将整张塑料薄膜揭去，改变产生高温、强光的条件，可有效避免日灼对火龙果枝条的伤害。

（二）寒害

1. 寒害概况

火龙果是热带水果，对低温敏感，许多地区引种栽培后，常因低温天气遭受寒害，寒害成为火龙果产业发展的主要限制因素。

2. 危害症状

火龙果生长的最适温度为 25 ～ 35℃，当最低温度达 0℃以下时，火龙果成熟枝条可能遭受冻害，冻害引起火龙果组织脱水而结冰，老枝可能出现组织受伤或死亡；当最低温度达 0 ～ 8℃时，火龙果可能遭受寒害，1 ～ 2 年生枝条可能出现散发性的黄色霜冻斑点，严重的可导致植株死亡；当温度达 8 ～ 15℃时，火龙果嫩梢可能出现冷害，嫩枝可能出现铁锈状斑点（图 8-25、图 8-26）。

图 8-25 受寒害的火龙果枝条

图 8-26 受寒害的火龙果果园

3. 发病条件

火龙果在低于0℃且持续时间大于48h、低于-2℃且持续时间大于24h时就会发生冻害。

4. 防治方法

（1）同地选择。在易受寒害的种植区，应选择地势较高、坐北朝南、南面开阔的同地，最好存在地四周有防风林，可降低霜冻的危害程度。

（2）增施热性肥。冬季增施热性肥如羊粪、马粪、纯猪粪、蚕粪、禽粪等，也可以秸秆堆肥以提高地温，增强树体抵抗力。

（3）覆盖果树。霜冻来临前，可以用薄膜制作拱棚覆盖幼龄植株或苗圃；可用稻草包扎大龄火龙果主茎，或用薄膜或稻草等进行覆盖。

（4）喷防冻药剂或叶面肥。霜冻来临前对植株喷施芸苔素、有机腐殖酸液肥、磷酸二氢钾等，提高树体抗寒能力。

（5）果园灌水、喷淋植株。冬季长时间没有有效降雨时，结合天气预报，在冷空气来临前给果园灌水，增加地表温度和果园土壤湿度，使土壤夜间降温减缓，起到防冻的效果。已经遭受霜冻危害的植株，在霜冻当天早上太阳未出来前对植株上部进行喷水除霜，减轻霜冻危害。

（6）果园熏烟。结合天气预报，在冷空气来临前的晚上在果园内熏烟，可提高果园的温度，并阻挡冷空气的下降沉积，可适当添加硫黄，使熏烟效果更佳。

第三节
常见害虫及其防治技术

火龙果田间调查发现，危害比较严重的害虫有实蝇、斜纹夜蛾、介壳虫、蚂蚁、棉蚜等。根据火龙果生长期可将害虫归纳为两类，一类为生长及花苞期害虫，如蛾类幼虫、蓟马、棉蚜、甲虫类等；另一类为结果期害虫，如瓜实蝇、东方果实蝇、粉蚧、椿象类、甲虫类、蚂蚁类等。目前利用适当的物理防治技术和诱杀技术，如使用套袋、反光彩带、灯光诱捕器、含毒甲基丁香油果实蝇诱杀剂（器）、性费洛蒙诱杀剂（器）等，除了可进行田间害虫发生密度的监测，了解害虫发生种群动态，还可作为检测减轻害虫危害效果及评估防治管理时机的依据。上述措施也是当前火龙果栽培过程中较为简便有效的害虫管理模式，不但可以减少农药使用，还可以提前预防害虫危害，有效减少损失。

一、橘小实蝇

（一）发生与危害

橘小实蝇［*Bactrocera dorsalis*（Hendel）］属双翅目实蝇科。主要危害火龙果果实，一般果实转色后散发香味，吸引雌成虫产卵进行危害，卵产于果皮与果肉之间，卵孵化后幼虫潜食果肉，造成果实腐烂或提早落果，影响果实品质（图 8-27）。

图 8-27　火龙果果肉内蝇蛆及危害症状

（二）形态特征

卵梭形，乳白色，长约 1 mm，宽约 0.1 mm。幼虫蛆形，黄白色，老熟时体长约 10 mm。蛹椭圆形，淡黄色，长 5 mm，宽约 2.5 mm。

成虫体长 6～8 mm，翅透明，虫体深黑色和黄色相间（图 8-28），胸部背面大部分黑色，但黄色的 U 形斑纹十分明显。腹部黄色，第一节和第二节背面各有 1 条黑色横带，第三节中央有 1 条黑色纵带直抵腹端，构成一个明显的 T 形斑纹。雌虫产卵管发达，由 3 节组成。

图 8-28　橘小实蝇成虫

（三）生活习性

橘小实蝇一年发生 3 ～ 5 代，世代重叠明显。成虫全天均可羽化，但以上午 8：00—9：00 羽化最多。成虫晴天喜在果园飞翔，交配后产卵管刺入果皮下 1 ～ 4 mm 处，把卵产在果皮下。成虫飞行能力强，活动范围大，可进行长距离飞行，寿命长，能在野外生活 4 ～ 5 个月，其活动、取食、产卵和交配多发生在上午 11：00 之前或 16：00 至黄昏。田间 4 月成虫数量开始上升，5—9 月数量较多，10 月虫量急剧下降。成虫羽化后经历一段时间方能产卵，每头雌虫产卵 200 ～ 400 粒，多的达 1 800 粒，卵分多次产出。

成虫一生可交配多次，雌虫喜欢在植物新的伤口、裂缝等处产卵，不喜欢在已有幼虫危害的果实上产卵。幼虫孵化后数秒钟便开始活动，昼夜不停地取食危害，群集于果肉吸食果汁，被害果肉呈糊状，但外表难以辨别。幼虫共 3 龄，三龄期食量最大，危害最重。老熟幼虫弹跳入土化蛹，或随被害果落地，随后脱果入土化蛹，入土深度通常在 3 ～ 7 cm。

橘小实蝇生长发育和繁殖的适宜温度为 20 ～ 30℃，在此温度之间，温度越高，发育越快，发育历期缩短，产卵量较高，种群数量增长快。在 35℃ 高温条件下发育历期缩短，产卵量明显减少。在 15 ～ 20℃ 的低温条件下，生长发育缓慢，各虫态历期长，种群增长较慢。

（四）防治方法

1. 农业防治

（1）清除虫果。及时清除落果、烂果，经常摘除树上的虫果。深埋：挖深坑，深埋虫果、落果、烂果并盖土 50 cm 以上，将土夯实，土太浅，幼虫仍会化蛹羽化。

（2）水浸。将虫果、落果、烂果倒入水中浸泡，水浸时间为 8 d 以上，也可用 80% 敌敌畏乳油 800 倍液、90% 敌百虫可溶性粉剂 1 000 倍液或 50% 灭蝇胺可湿性粉剂 7 500 倍液浸泡 2 d 以上。

（3）沤肥。把收集的虫果、落果、烂果倒入沤肥的水池中长期浸泡，或放入较厚的塑料袋内，扎紧袋口，自然存放 10 ～ 15 d，使幼虫窒息死亡。适当早采：进入采收期的火龙果，可比正常采收时间提早 5 ～ 7 d 采收，以避开橘小实蝇的危害高峰期，从而减少危害；一般果实成熟度越高，橘小实蝇危害越严重。

（4）套袋。可采用套袋防治橘小实蝇，套袋既可改善外观品质，又可预防橘小实蝇的危害；从幼果期开始进行果实套袋，袋口要扎紧，袋的底部要穿孔透气；套袋前，应先做好其他病虫害的防治工作。

2. 诱杀防治

（1）性诱剂诱杀。用诱蝇醚（甲基丁香酚）性诱剂诱杀雄成虫，每 20 ～ 30 d 加 1 次药，每亩挂性诱瓶 3 ～ 5 个；对雄性成虫长时间的诱杀，可使果园中的橘小实蝇虫口数量大幅下降，用诱蝇醚诱杀成虫的时间一般在 3—10 月。

（2）饵料诱杀。当田间橘小实蝇危害严重时，在果实膨大期至果实转色期，每亩可喷施 0.02% 多杀霉素饵剂 100 mL。

（3）黏剂诱捕。利用橘小实蝇成虫喜欢在即将成熟的黄色果实上产卵的习性，采用黄色粘板诱捕成虫，每亩悬挂黄板 20 ～ 30 张，每 60 d 左右换 1 次黄色粘板；或者用涂有昆虫物理诱黏剂（黄色）的矿泉水瓶诱捕成虫，每亩悬挂 20 ～ 30 个，每 50 d 涂 1 次诱黏剂。

（4）化学防治。施药应在上午 9：00—11：00 和下午 16：00—18：00 的成虫活跃期进行，10 ～ 15 d 喷 1 次，连喷 3 ～ 4 次。可用 10% 氯氰菊酯乳油 1 500 ～ 2 000 倍液、25% 溴氰菊酯乳油 1 500 ～ 2 000 倍液、25% 马拉硫磷乳油 1 000 ～ 1 500 倍液、80% 敌敌畏乳油 1 000 ～ 1 500 倍液或 1.8% 阿维菌素乳油 1 000 ～ 1 500 倍液进行防治。

二、瓜实蝇

（一）发生与危害

瓜实蝇（*Bactrocera cucurbitae* Coquillett）属双翅目实蝇科。该虫于开花期即进入果园内产卵危害花苞，造成花器受损，影响后续生长。雌蝇产卵于火龙果幼果，虽产于幼果的虫卵孵化后幼虫无法存活，但雌蝇产卵造成的幼果伤口已影响果实质量。瓜实蝇也危害成熟果实，幼虫孵化后潜食果肉，造成果实腐烂或提早落果，影响果实品质。

（二）形态特征

卵为乳白色，体细长，0.8 ～ 1.3 mm。幼虫初为乳白色，长约 1.1 mm，老熟幼虫米黄色，长 10 ～ 12 mm。蛹初为米黄色，后为黄褐色，长约 5 mm，圆筒形。

成虫体型似蜂，黄褐色至红褐色，长 7 ～ 9 mm，宽 3 ～ 4 mm，翅长 7 mm，初羽化的成虫体色较淡。复眼茶褐色或蓝绿色（有光泽），复眼间有前后排列的 2 个褐色斑，后顶鬃和背侧鬃明显；翅膜质，透明，有光泽，亚前缘脉和臀区各有 1 个长条斑，翅尖有 1 个圆形斑，径中横脉和中肘横脉有前窄后宽的斑块；腿节淡黄色。腹部近椭圆形，向内凹陷如汤匙，腹部背面第三节前缘有 1 条狭长黑色横纹，从横纹中央向后直达尾端有 1 条黑色纵纹，形成 1 个明显的"T"形；产卵器扁平坚硬（图 8-29）。

图 8-29　瓜实蝇成虫

（三）生活习性

瓜实蝇成虫羽化交配后，雌虫产卵于果皮下，卵孵化为幼虫蛀食果肉，幼虫老熟后从果实中脱果入土化蛹，一般以蛹越冬，待新成虫羽化后进入下一世代发育。成虫羽化后 9～11 d 营养补充达到性成熟后出现交尾行为，黄昏时开始交尾直到翌日早晨分开；该虫具有多次交尾习性，一生交尾 4～8 次，交尾容易受温湿度影响，同时会受日出日落早晚的影响而出现差异。瓜实蝇雌虫交尾 2～3 d 后开始产卵，喜在幼嫩瓜果表皮和破损部位产卵，卵块竖状排列，同一产卵孔可被多头雌虫多次产卵，雌虫未交尾也能产卵，但卵不会孵化。雌虫一生平均产卵 764～943 粒，每天产卵 9～14 粒，产卵期长达 48～68 d。

（四）防治方法

瓜实蝇的防治方法参考橘小实蝇。

三、棉蚜

（一）发生与危害

棉蚜（*Aphisg gossypii* Glover）属同翅目蚜科，又名蜜虫、腻虫、油汗等。若虫、成虫以刺吸式口器刺入火龙果幼果吸食汁液，受害果面有棉蚜排泄的蜜露，易诱发霉菌滋生。棉蚜常聚集于嫩梢刺吸嫩茎，或于花苞结果期聚集在鳞片茎部进行危害（图 8-30、图 8-31）。

图 8-30　火龙果果实鳞片受棉蚜危害症状

图 8-31　火龙果幼果受棉蚜危害症状

（二）形态特征

卵长 0.5 mm，椭圆形，初产时橙黄色，后变漆黑色，有光泽。无翅若蚜共 4 龄，夏季黄色至黄绿色，春秋季蓝灰色，复眼红色。有翅若蚜也是 4 龄，夏季黄色，秋季灰黄色，二龄后出现翅芽。腹部第一、第六节的中央和第二、第三、第四节两侧各具 1 个白圆斑。

无翅孤雌蚜体长 1.5 ～ 1.9 mm，卵圆形，体色有黄色、青色、深绿色、暗绿色等。触角长约为体长的一半，第三节无感觉圈，第五节有 1 个，第六节膨大部有 3 ～ 4

个；复眼暗红色；前胸背板的两侧各有 1 个锥形小乳突；腹管较短，黑青色，长
0.2 ～ 0.27 mm，粗而圆呈筒形；尾片青色，两侧各具刚毛 3 根，体表被白蜡粉。有翅
孤雌蚜大小与无翅胎生雌蚜相近，长卵圆形。体黄色、浅绿至深绿色。触角较体短，
第三节有小环状次生感觉圈 4 ～ 10 个，排成一列；头胸部黑色；2 对翅透明，中脉 3 叉；
腹部第六至第八节有背横带，第二至第四节有缘斑（图 8-32）。

图 8-32　棉蚜成虫

（三）生活习性

棉蚜在我国 1 年发生约 30 代，可分为苗蚜和伏蚜。苗蚜适应偏低的温度，气温高
于 27℃时繁殖受抑制，虫口迅速降低；伏蚜适应偏高的温度，27 ～ 28℃时大量繁殖，
当日均温高于 30℃时，虫口数量才减退。

大雨对棉蚜的抑制作用明显，多雨的年份或多雨季节不利其发生，但时晴时雨的
天气利于伏蚜迅速增殖。一般伏蚜 4 ～ 5 d 就增殖 1 代，苗蚜需 10 多天繁殖 1 代，在
田间世代重叠。有翅棉蚜对黄色有趋性。冬季气温高时，越冬卵数量多，孵化率高。
棉蚜发生适温为 17.6 ～ 24℃，相对湿度应低于 70%。

天敌主要有寄生蜂、捕食性瓢虫、草蛉、蜘蛛等。其中瓢虫、草蛉控制作用较
大。若生产上施用杀虫剂不当，杀死天敌过多，会导致伏蚜猖獗危害。

（四）防治方法

1. 农业防治

在冬、春两季铲除果园杂草，消灭棉蚜。剪除的虫枝集中销毁。

2. 化学防治

可选用 25% 蚜蚜酮可湿性粉剂 1 500 倍液、10% 蚜虫啉可湿性粉剂 2 000 倍液、2% 阿维菌素乳油 1 000 倍液、0.3% 印楝素乳剂 1 000 倍液或 20% 丁硫克百威乳油 2 000～3 000 倍液喷雾防治。

四、斜纹夜蛾

（一）发生与危害

斜纹夜蛾［*Spodoptera litura*（Fabricius）］属鳞翅目夜蛾科。该虫在我国火龙果种植区均有分布，幼虫直接啃食嫩梢、幼茎及花苞，或沿着茎部棱线啃食造成火龙果茎断裂，生长延迟（图 8-33）。

图 8-33　斜纹夜蛾老龄幼虫危害火龙果嫩茎

（二）形态特征

卵扁球形，表面具网状隆脊。初产淡绿色，孵化前呈紫黑色。雌虫成堆产卵，叠成 3～4 层，表面覆盖一层灰黄色鳞毛。幼虫有 6 龄，不同条件下可减少 1 龄或增加 1～2 龄。一龄幼虫体长达 2.5 mm，体表常为淡黄绿色，头及前胸盾为黑色，并具暗褐色毛瘤，第一腹节两侧具锈褐色毛瘤。二龄幼虫体长可达 8 mm，头及前胸盾颜色变浅，第一腹节两侧的锈褐色毛瘤变得更明显。三龄幼虫体长 9～20 mm，第一腹节两侧的黑斑变大，甚至相连。四至六龄幼虫形态相近，六龄幼虫体长 38～51 mm，体色多变，常常因寄主、虫口密度等而不同，头部红棕色至黑褐色，中央可见"V"形浅色纹；中、后胸亚背线上各具 1 个小块黄白斑，中胸至腹部第九节在亚背线上各具 1 个三角形黑斑，其中以腹部第一和第八腹节的黑斑为最大。

蛹体长 15 ～ 20 mm，红褐至暗褐色；腹部第四至第七节背面前缘及第五至第七节腹面前缘密布圆形小刻点；气门黑褐色，呈椭圆形，明显隆起；腹末有 1 对臀刺，基部较粗，向端部 5 逐渐变细。化蛹在茧内，为较薄的丝状茧，其外黏有土粒等。

成虫体长 16 ～ 27 mm，翅展 33 ～ 46 mm。头、胸及前翅褐色；前翅略带紫色光泽，具有复杂的黑褐色斑纹，内、外横线灰白色、波浪形，从内横线前端至外横线后端，雄蛾有 1 条灰白色宽而长的斜纹，雌蛾有 3 条灰白色的细长斜纹，3 条斜纹间形成 2 条褐色纵纹；后翅灰白色，具紫色光泽。

（三）生活习性

斜纹夜蛾在福建 1 年发生 6 ～ 7 代，广东年发生代数更多，上海发生 5 ～ 6 代，华北地区可发生 3 ～ 4 代。成虫白天喜躲藏在草丛、土缝等阴暗处，傍晚活跃，飞翔力强，具较强的趋光性。雌蛾把卵产于高大茂密、浓绿的边际作物叶片上，以植株中部叶片背面叶脉连接处最多。

（四）防治方法

1. 农业防治

尽量避免与斜纹夜蛾嗜好作物（如十字花科）连作。结合田间农事操作，人工摘除卵块及群集的幼虫。

2. 物理防治

利用成虫的趋性，在成虫发生期，用灯光（杀虫灯、黑光灯等）和糖醋液诱杀，或者在糖醋液上加挂性诱剂诱杀，效果显著。

3. 生物防治

保护田间众多的自然天敌，或释放天敌，或斜纹夜蛾核型多角体病毒杀虫剂防治三龄前幼虫，宜晴天的早晚或阴天喷雾；也可在水盆（或糖醋液盆）上悬挂斜纹夜蛾性诱剂诱杀雄蛾。

4. 化学防治

可用 5% 虱螨脲乳油 1 000 ～ 1 500 倍液、5% 氟啶脲乳油 2 000 倍液、20% 除虫脲乳油 2 000 倍液或 2.5% 高效氯氟氰菊酯乳油 2 000 ～ 3 000 倍液喷雾防治幼虫，且在三龄幼虫之前防治效果最佳。

五、小白纹毒蛾

（一）发生与危害

小白纹毒蛾（*Notolophus australis* posticus Walker）属鳞翅目毒蛾科。该虫主要以

幼虫直接啃食火龙果幼茎及花苞进行为害。

（二）形态特征

卵球形，直径 0.7 ～ 0.8 mm，顶端稍扁平，具淡褐色轮纹。初产时浅黄色，孵化前褐黄色，中间有一黑点。幼虫体长 20 ～ 39 mm，头部红褐色，体部淡赤黄色，全身多处长有毛块，且头端两侧各具长毛 1 束，背部有黄毛 4 束，胸部两侧各有白毛束 1 对，尾端背方亦生长毛 1 束，腹足 5 对。蛹长 16 ～ 19 mm，宽 7 ～ 14 mm，初化蛹时吐白色丝包住虫体，后虫体各色毛变为白色，最后变为褐色。茧椭圆形，灰黄色，表面粗糙，并附着黑褐色毒毛。雌成虫体长 13 ～ 16 mm，黄白色，腹部稍暗，虫体密被灰白色短毛，无翅。雄成虫体长 9 ～ 12 mm，体和足棕褐色，触角浅棕色，栉齿黑褐色。翅展约 25 mm，前翅棕褐色，基线黑色，外斜；后翅黑褐色，缘毛棕色（图8-34）。

图 8-34　小白纹毒蛾

（三）生活习性

幼虫孵化时先在卵壳咬一小圆孔，然后头部慢慢钻出，最后全身爬出卵壳，昼夜可见孵化现象。雄性成虫刚羽化时双翅湿润、柔软，折叠向腹部弯曲，翅面皱缩状，随后双翅逐渐展开，羽化完成，羽化后的雄虫寻找雌虫交配。雌性成虫羽化时无翅，头部有 2 个黑点，柔软，出来后后足紧紧抓住茧，挂在空中，8 ～ 10 h 后开始产卵。产卵时尾部弯曲到与茧接触，然后把卵产在茧上。

（四）防治方法

1. 农业防治

及时除去卵块，在低龄幼虫集中危害时将其摘除。

2. 生物防治

天敌有黑卵蜂、啮小蜂、寄蝇、绒茧蜂等，可利用天敌取得较好的防治效果。

3. 化学防治

可用25%除虫脲可湿性粉剂1 500～2 000倍液、5%高效氯氟氰菊酯乳油1 500～2 000倍液、10%阿维菌素悬浮剂1 500～2 000倍液、25%杀虫双水剂500～1 000倍液、2.5%溴氰菊酯乳油1 500～2 000倍液或20%氯虫苯甲酰胺水分剂3 000～5 000倍液进行防治。

六、茶黄蓟马

（一）发生与危害

茶黄蓟马（*Scirtothrips dorsalis* Hood）属缨翅目蓟马科，又名茶黄硬蓟马。若虫和成虫于火龙果嫩茎、花苞及幼果上进行危害，造成嫩茎生长受阻。在花苞和近果柄的果皮表面锉吸，使果实外观产生褐色粗糙的疤痕或小裂痕（图8-35）。

图8-35　茶黄蓟马危害火龙果幼果

（二）形态特征

卵淡黄色，肾形。若虫初孵时乳白色，体长约0.3 mm，复眼红色，二龄若虫后期体色呈淡黄色，复眼黑褐色，体形似成虫，体长约0.9 mm，无翅芽；三龄若虫长出翅芽，停止取食，被称为预蛹（前蛹），体黄绿色，触角可活动；四龄若虫称为蛹（后蛹），橘黄色，触角翻折于前胸背板中央，复眼暗红色，足与翅芽透明（图8-36）。

图 8-36　茶黄蓟马若虫

成虫体长约 1 mm，黄色。触角 8 节，复眼灰黑色突出，单眼鲜红色，呈三角形排列。两对翅狭长，灰色透明，翅缘多细毛。

（三）生活习性

一年发生 10 ～ 11 代，田间世代重叠现象严重。在我国海南无越冬现象，一般温度低于 10℃时，若虫、成虫静伏于嫩茎或果实鳞片内，温度回升后又出来活动。一年中以 2—4 月虫口最少，5 月虫口数量上升，7—8 月高温及台风雨的影响，虫口波动较大，9 月虫口迅速上升，9 月下旬至 10 月虫口达到高峰，为全年的严重危害期，12 月后虫口下降。各虫态历期，卵期 5—8 d，若虫期 5 ～ 8 d，蛹期 5 ～ 8 d，成虫寿命 7 ～ 25 d。5—10 月完成 1 个世代需 11 ～ 21 d。成虫较活跃，受惊后会弹跳飞起，一天中以上午 9：00—12：00 和 15：00—17：00 活动、交尾、产卵最盛。成虫无趋光性，但对色板有趋向性。

（四）防治方法

1. 农业防治

注意清园，清除茶黄蓟马容易越冬的杂草等残体。田间蓟马数量受降水量、空气湿度和土壤水分影响较大，因此可以通过灌水淹死在土壤中的蛹和若虫。

2. 物理防治

利用茶黄蓟马趋性诱杀：晚上利用杀虫灯诱杀，白天利用色板诱杀，诱杀茶黄蓟马的色板一般使用黄板、蓝板、白板。合理覆盖地膜：茶黄蓟马具入土化蛹的习性，地膜覆盖可以阻断茶黄蓟马入土化蛹，使土兑水致死；使用银黑双色膜有很好效果，黑色面向下抑制杂草并保持土壤水分，银色面向上反光可趋避一些昆虫和鸟，同时对一些光照不足地区的火龙果的开花转色有促进作用。套袋：利用套袋进行物理隔离，能够有效地防止茶黄蓟马危害火龙果果实。

3. 生物防治

茶黄蓟马的天敌主要有捕食性蝽、寄生蜂、捕食螨等，可以利用其天敌以虫治虫。

4. 化学防治

可选用 60 g/L 的乙基多杀菌素悬浮剂 1 500 ～ 2 000 倍液、20% 吡虫啉可溶粉剂 1 000 ～ 1 500 倍液、22% 氟啶虫胺腈悬浮剂 10 000 ～ 15 000 倍液、21% 噻虫嗪悬浮剂 4 000 ～ 7 000 倍液、5% 吡虫啉可溶液剂 1 500 ～ 2 500 倍液、20% 啶虫脒可湿性粉剂 6 000 ～ 8 000 倍液或 10% 溴氰虫酰胺可分散油悬浮剂 1 000 ～ 1 500 倍液喷施于嫩茎、花苞及幼果上进行防治。

七、黄胸蓟马

（一）发生与危害

黄胸蓟马 [*Thrips hawaiinensis*（Morgan）] 属缨翅目蓟马科，又名夏威夷可可蓟马、黄胸蓟马、花蓟马。该虫可危害火龙果幼果、嫩茎和花，以若虫、成虫锉吸火龙果组织。密度低时不会造成花器损害，有时还可协助花器授粉（图 8-37、图 8-38）。

图 8-37　黄胸蓟马危害的火龙果花

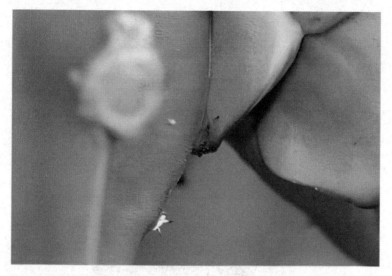

图 8-38　黄胸蓟马危害的火龙果幼果

（二）形态特征

卵肾形，淡黄白色。若虫体型与成虫相似，但体较小，色较淡，为淡褐色，无翅，眼较退化，触角节数较少。

雌成虫体长 1.2 ～ 1.4 mm，胸部色淡，常呈橙黄色，腹部黑褐色，腹部第二至第七节各有 12 ～ 16 根副鬃；头宽大于长；触角 7 或 8 节，第三节黄色，其余各节褐色；前胸略宽于头，背板上布满交接横纹和鬃，前胸背板前角有短粗鬃 1 对，后角有短粗鬃 2 对；翅狭长，周缘有较长的缨毛，前翅灰棕色，有时基部稍淡，较后翅宽；足色淡于体色。雄成虫体黄色，体比雌成虫略小，长 0.9 ～ 1.0 mm。

（三）生活习性

黄胸蓟马一年发生 10 多代。成虫、若虫隐匿在花中，受惊时成虫会振翅飞逃。雌成虫产卵在花心或花瓣表皮下面。若虫、成虫取食时，用口器锉碎植物表皮吮吸汁液。此虫食性很杂，可在不同植物间转移危害。高温、干旱有利于此虫大发生，多雨季节则较少发生。

（四）防治方法

黄胸蓟马的防治方法参考茶黄蓟马。

八、仙人掌白盾蚧

（一）发生与危害

仙人掌白盾蚧［*Diaspis echinocacti*（Bouche）］属半翅目盾蚧科。源于美洲大陆，只要有仙人掌种植的地方都有分布。该虫以雌成虫和若虫聚集危害，吮吸火龙果汁液，造成茎叶发白，影响植株生长发育，使茎片脱落。严重时，茎部出现腐烂，或使植株白化致死（图8-39）。

图8-39 受仙人掌白盾蚧危害的火龙果植株

（二）形态特征

卵圆形，长0.3 mm左右，初产时乳白色，后渐变深色。初孵若虫为淡黄色至黄色，触角6节；体长0.3～0.5 mm；二龄以后，若虫雌雄区别明显；雌虫介壳近圆形，虫体淡黄色，状似雌成虫；雄虫介壳开始增长，虫体也渐变长，淡黄色。雄蛹黄色，复眼黑色，长0.8 mm左右。

成虫体长1～1.2 mm，宽0.28 mm。雌成虫体阔，陀螺形，自由腹节侧缘略突出；前胸后侧角不突出；触角上有一刚毛。腺刺在中臀叶与第二臀叶间一个，第二、第三臀叶间一个，第三臀叶与第四腹节的缘突间2个。中臀叶不内陷，两叶分开，中间有一对刚毛，第二、第三臀叶双分，端圆。雄成虫介壳白色、蜡质、狭长，后端稍阔，背面有3条纵脊线，中脊线特别明显，前端隆起，后端较扁平；蜕皮壳位于前端，黄色；介壳长0.9～1 mm，宽0.28 mm。

（三）生活习性

两性生殖，世代重叠现象明显。一年发生2～3代；以雌成虫在寄主的肉质茎上越冬。温室内于每年2月上旬开始，若虫大量出现，多集中在肉质茎叶的中上部，虫口密度大时，介壳边缘相互紧密重叠成堆，紧贴在肉质茎叶上，吮吸危害。雌虫平均产卵 150 个，最多 276 个，寿命约 230 d。27℃时，从卵发育为雌成虫需 23 d、雄成虫需 24 d。一个世代 50 d 左右。若虫可以爬行扩散到植株的其他部位，也可以通过风或其他昆虫的携带进行扩散。成虫和卵的扩散主要通过寄主植物远距离传播。

（四）防治方法

1. 生物防治

仙人掌白盾蚧的天敌有很多，利用其自然天敌如蚜小蜂、跳小蜂、管蓟马、瓢虫等进行防治。

2. 化学防治

在发生早期，虫斑数量少时，及早刷除介壳虫体，可用毛刷或干布蘸取 4% 中性洗衣粉液手工刮刷，清净虫斑的同时要更换栽培基质。若虫孵化盛期，选喷 80% 敌敌畏乳油 1 000 倍液、99% 矿物油乳油 150 ~ 300 倍液或 50% 马拉·杀螟松乳油 1 000 ~ 1 500 倍液，每隔 7 d 喷 1 次，连续喷 3 次。防治后，要经常检查虫斑，防治效果不好的要补防。

九、长尾粉蚧

（一）发生与危害

长尾粉蚧［*Pseudococcus longispinus*（TargioniTozzetti）］属同翅目粉蚧科，又名拟长尾粉蚧。长尾粉蚧多发生在高温、高湿、阳光不足处，在火龙果幼果上刺吸吸食养分，严重发生时，分泌大量蜜露，诱发煤烟病，严重影响果实生长（图 8-40、图 8-41）。

图 8-40　受长尾粉蚧危害的火龙果幼果

图 8-41　受长尾粉蚧危害的火龙果成熟果实

（二）形态特征

卵长椭圆形，淡黄色，产于白色絮状卵囊中。若虫长椭圆形，体长 0.5 ～ 2.5 mm，初孵若虫为淡黄色，随虫龄的增加体色逐渐转为淡紫色，薄被白粉，外形与雌成虫相似，具有明显的一对尾刺。雌成虫体呈细长椭圆形，体长 3 ～ 4 mm，淡黄褐色，外被白粉状蜡质物，体周缘有 17 对细长白色蜡质分泌物突起，尾端 3 对较其他部位的长，其余均等长；触角 8 节；胸部及第一至第五腹节背侧各具 2 ～ 3 个大或小 2 种类型的分泌管。雄成虫体长约 2 mm，虫体前端纤细，头、胸、腹分明；胸中部有一对翅，翅薄具金属光泽。

（三）生活习性

雌成虫行孤雌生殖，可产卵 100 ～ 200 粒，卵聚集成块。若虫孵化 20 d 后开始性别分化。发生危害时期不规则全年均可发生，平均完成一代需 4 ～ 5 周，世代重叠，在夏季温暖干燥的时期可同时见各虫态个体。

（四）防治方法

1. 农业防治

加强栽培管理，促进抽发新梢，恢复和增强树势，以提高植株的抗虫能力。

2. 生物防治

保护利用好长尾粉蚧的天敌，在调查观察虫情时，不仅要注意害虫发生数量的多少，而且要观察天敌存在数量的多少，当寄生菌和寄生蜂的寄生率高、发生量大时，能控制害虫大发生，此时应尽量避免使用药剂。若暂时不能抑制，必须用药时，也应尽量避免杀伤天敌。我国已经发现长尾粉蚧的天敌有瓢虫、蚜小蜂、跳小蜂等。

3. 化学防治

做好虫情测报，掌握一龄若虫的盛发期，此时喷药效果最好。一般是 15 d 喷药 1 次，连续 2～3 次。防治长尾粉蚧的有效药剂有 50% 马拉硫磷乳油 1 000～1 500 倍液、50% 辛硫磷乳油 800～1 000 倍液、95% 哒螨灵乳油 100～200 倍液或 20% 噻嗪酮可湿性粉剂 2 500～3 000 倍液。

十、稻绿蝽

（一）发生与危害

稻绿蝽［*Nezara viridula*（L.）］属半翅目蝽科，又名稻青蝽。该虫主要危害火龙果花苞，或于果实期危害幼果，或套袋后隔袋吸食成长中果实的汁液，造成花苞及果实伤口，进一步引发病害。

（二）形态特征

卵杯形，长 1.2 mm，宽 0.8 mm，初产黄白色，后转红褐色，顶端有盖，周缘白色，精孔突起呈环，24～30 个。老熟若虫体长 7.5～12 mm，以绿色为主，触角 4 节，翅芽伸达第三腹节，前胸与翅芽散生黑色斑点，外缘橙红色，腹部边缘具半圆形红斑，中央也具红斑，足赤褐色，跗节黑色。

成虫分全绿型、黄肩型和点绿型 3 种，全绿型较为常见。全绿型体长 12～16 mm，宽 6～8.5 mm，长椭圆形，青绿色，腹下色较淡；头近三角形，触角 5 节，基节黄绿色，第三、第四、第五节末端棕褐色；复眼黑色，单眼红色；喙 4 节，伸达后足基节，末端黑色；前胸背板边缘黄白色，侧角圆，稍突出，小盾片长三角形，基部有 3 个横列的小白点，末端狭圆，超过腹部中央；前翅稍长于腹末；足绿色，跗节 3 节，灰褐色，爪末端黑色（图 8-42）。

图 8-42　稻绿蝽成虫

（三）生活习性

在海南年发生5代。以成虫在杂草、土缝、灌木丛中越冬。卵的发育起点温度为12.2℃，若虫为11.6℃。卵成块产于寄主叶片上，规则地排成3～9行，每块60～70粒。一、二龄若虫有群集性。若虫和成虫有假死性。成虫有趋光性和趋绿性。

（四）防治方法

1. 农业防治

在冬季清除果园杂草，以消灭部分成虫。

2. 化学防治

在成虫和若虫危害期，喷施50%马拉硫磷乳油1 000倍液或4.5%高效氯氰菊酯乳油2 000～3 000倍液，均可有效防治该虫。

十一、麻皮蝽

（一）发生与危害

麻皮蝽［*Erthesina fullo*（Thunberg）］属半翅目蝽科，又名麻椿象、黄斑蝽、麻纹蝽。该虫主要危害火龙果花苞和果实，使被害部位出现斑点，影响果实品质。

（二）形态特征

卵馒头形或杯形，直径约0.9 mm，高约1 mm，初产时乳白色，渐变淡黄或橙黄色，顶端有一圈锯齿状刺；聚生排列成卵块，每块为12粒。初孵若虫体椭圆形，黑褐色，体长1～1.2 mm，宽0.8～0.9 mm，胸部背面中央有淡黄色纵线。老龄若虫体似成虫，黑褐色，密布黄褐色斑点。

雌成虫体长19～23 mm，雄成虫体长18～21 mm，体黑褐色，密布黑色刻点和细碎不规则黄斑（图8-43）。头部较狭长，侧叶与中叶末端约等长，侧叶末端狭尖；触角黑色，第一节短而粗大，第五节基部1/3为浅黄白色或黄色；喙淡黄色，末节黑色，仲达腹部第三节后缘；头部前端至小盾片基部有一条明显的黄色细中纵线；前胸背板、小盾片黑色，有粗刻点和许多散生的黄白小斑点；各腿节基部2/3浅黄色，两侧及端部黑褐色，胫节黑色，中段具淡绿色白色环斑；腹部侧接缘各节中间具小黄斑，腹面黄白色，节间黑色，两侧散生若干黑色刻点，气门黑色，腹面中央具一条纵沟，长达第六腹节。

图 8-43 麻皮蝽

（三）生活习性

在我国海南年发生 3 代，卵期 4 ～ 7 d。若虫期 21 ～ 33 d，完成 1 代需 25 ～ 40 d。世代历期与温度、食物密切相关，产卵后的雌成虫、雄成虫的寿命也因此而有差异。成虫寿命最短的 11 ～ 17 d，最长的 21 ～ 29 d。

羽化后成虫原地静伏或向枝干作短距爬行，待翅展完全后即可飞行，取食嫩梢、叶片、果实。交配后的雌虫 1 ～ 2 d 开始产卵，卵多产在叶片背面或嫩枝的芽眼处，卵排列整齐，聚集成卵块。雌虫一生产卵 126 ～ 173 粒。成虫飞翔力较强，有群集习性，喜在向阳的树冠中、上部位栖息。日落后成虫、若虫开始进入枝叶浓密、干燥的叶片背面隐蔽。若虫共 5 龄，初孵若虫先群集静伏在卵块附近，经 5 ～ 10 h 后开始就近取食活动，一、二龄具群集习性，三龄开始离群，分散活动。

（四）防治方法

麻皮蝽的防治方法参考稻绿蝽。

十二、稻棘缘蝽

（一）发生与危害

稻棘缘蝽（*Cletus punctiger* Dallas）属半翅目缘蝽科。该虫主要危害火龙果花苞和果实，危害特点与麻皮蝽相似（图 8-44、图 8-45）。

图 8-44　受稻棘缘蝽危害的火龙果幼果

图 8-45　受稻棘缘蝽危害的火龙果成熟果

（二）形态特征

卵长 1.3～1.4 mm，宽约 0.8 mm，略呈梭形，前端较尖，后端较钝，渐向中央纵隆起；初产乳白色半透明，后变淡黄白色半透明，表面光滑发亮；卵盖位于较尖一端的上方，隐约可见，孵前在卵盖的近边缘处呈现 2 个红色小眼点。若虫共 5 龄，二龄前为长椭圆形，四、五龄略呈梭形；复眼红褐色，触角与身体等长，与头部同色，第二、第三节扁平椭圆形；前足基节、腿节和各足胫节及第一、第二跗节白色，各足节具 4 个紫黑环纹；腹部黄绿色。

成虫体长 10 ～ 11.2 mm，宽 2.8 ～ 3.6 mm，略呈长椭圆形。背面黄褐色，腹面淡黄褐色；触角前 3 节杆状，第一节较粗大，第三节细短，第四节略呈纺锤形，色亦稍深；前胸背板前后同色，前部明显向前下倾，后部平坦；侧角刺细长，略向上翘，并略前倾，其后缘稍内弯，尖端色亦稍深。

（三）生活习性

广东、云南、广西南部无越冬现象。羽化后的成虫于 7 d 后在上午 10：00 前交配，交配后 4 ～ 5 d 将卵产在火龙果的茎上，卵 2 ～ 7 粒排成纵列。卵期 6 ～ 11 d，若虫期 22 ～ 50 d，成虫寿命为 18 ～ 25 d。

（四）防治方法

1. 农业防治

结合秋季清洁田园，认真清除田间杂草，集中处理。

2. 化学防治

在低龄若虫期使用 50% 马拉硫磷乳油 1 000 ～ 1 500 倍液、2.5% 溴氰菊酯乳油 2 000 ～ 2500 倍液或 10% 蚍虫啉可湿性粉剂 1 500 ～ 2 000 倍液喷施火龙果花苞和果实。

参考文献

巴良杰，罗冬兰，曹森，等，2020.不同保鲜剂处理对火龙果贮藏品质和相关生理指标的影响 [J].中国南方果树，49（1）：6.

柏自琴，李兴忠，赵晓珍，等，2020.贵州火龙果溃疡病发生情况及发病因素调查 [J].中国南方果树，49（6）：5.

陈圆，严婉荣，肖敏，等，2019.火龙果茎腐病致病菌的鉴定 [J].分子植物育种，17（3）：904-909.

陈圆，严婉荣，赵志祥，等，2017.海南省火龙果炭疽菌病病原鉴定及有效药剂筛选 [J].基因组学与应用生物学，36（2）：6.

程玉，徐敏，熊睿，等，2018.氮肥施用量对火龙果枝条生长及养分积累的影响 [J].热带生物学报，9（4）：6.

戴宏芬，李俊成，孙清明，2022.火龙果新品种粤红5号的选育 [J].果树学报，39（11）：2205-2208.

戴俊，王会会，符碧海，等，2017.火龙果溃疡病和茎腐病病原菌的生物学特性测定 [J].中国南方果树，46（1）：5.

戴雪香，樊莹，杨忠诚，等，2016.火龙果开花散粉规律初探 [J].中国蜂业，67（3）：14-18.

杜冬冬，钟荣彬，黄耀豪，等，2018.三种杀菌剂对火龙果采后生理和品质的影响 [J].保鲜与加工，18（1）：7.

郭成林，覃建林，马永林，等，2018.不同除草剂对火龙果安全性及牛筋草除草活性 [J].农药，57（4）：4.

郭蓉，龚一富，姜洁，等，2018.海藻生物肥对火龙果生长、产量和品质的影响 [J].核农学报，32（12）：2455-2461.

何小帆，丁文沙，钟源源，等，2019.红心火龙果离体培养技术研究［J］.云南农业大学学报：自然科学版，34（4）：7.

胡子有，潘瑞立，黄海生，等，2017.广西南宁火龙果避雨栽培技术研究［J］.中国南方果树，46（6）：5.

胡子有，潘瑞立，黄海生，等，2017.火龙果冬果栽培关键技术［J］.中国果树（3）：4.

黄彩枝，2021.火龙果无菌嫩芽组培快繁技术［J］.热带农业科学（8）：40-43.

黄飞，王明，2021.浅析火龙果主要病虫害及其防治措施［J］.中国热带农业（5）：29-35.

黄凤珠，陆贵锋，姜建初，2016.广西火龙果裂果调查分析及综合防止措施［J］.南方农业学报，47（4）：5.

黄慧欣，李媛，黄爱玲，等，2021.橘小实蝇对5个品种火龙果果实的产卵选择［J］.果树学报，38（3）：394-402.

黄黎芳，邢钇浩，邓海燕，等，2020.低温贮藏对火龙果种子萌发及幼苗生长的影响［J］.中国南方果树，49（4）：6.

黄露迎，2015.火龙果病虫害防治工作存在的问题及应对措施［J］.南方农业，9（6）：31，33.

匡石滋，田世尧，段冬洋，等，2016.火龙果液体授粉组合的优化及其效应研究［J］.热带作物学报，37（1）：70-74.

雷菲，解钰，张文，等，2017.海水浇灌对不同品种火龙果扦插苗生长和若干生理指标的影响［J］.热带作物学报，38（6）：1052-1057.

李加强，叶耀雄，李炯祥，等，2018.火龙果芽接技术探究［J］.中国南方果树，47（2）：3.

李俊成，戴宏芬，孙清明，2022.火龙果新品种红水晶6号的选育［J］.果树学报，39（10）：1973-1976.

李莉婕，孙长青，黎瑞君，等，2021.不同供氮水平下火龙果果实发育模拟研究［J］.贵州农业科学（12）：49.

李莉婕，赵泽英，黎瑞君，等，2022.火龙果的抗旱生长及生理响应［J］.西南农业学报，35（6）：7.

李莉婕，赵泽英，王虎，等，2022.钾肥施用量对中低肥力果园火龙果养分吸收和产质量的影响［J］.贵州农业科学（4）：50.

李绍先，2015.浅析火龙果病虫害的综合防治技术［J］.农业与技术，35（6）：110.

李所清，李录山，何敏，等，2017.不同类型果袋套袋对火龙果果实经济性状品质的影响［J］.四川农业科技（1）：61-63.

李英，廖以金，从心黎，2020.热处理对红肉火龙果果实保鲜效果的影响［J］.江苏农业科学，48（8）：5.

梁秋玲，韦健，李孝云，等，2011.火龙果茎腐病病原鉴定及室内药剂毒力测定［J］.中国南方果树，40（1）：9-12.

林凤昌，2019.火龙果无公害高产栽培方法探析［J］.南方农业，13（14）：25-26.

林珊宇，贤小勇，韦小妹，等，2018.广西火龙果采后病害主要病原菌分离与鉴定［J］.中国南方果树，47（2）：7.

刘成立，王猛，郭攀阳，等，2020.火龙果花和果实的动态发育规律研究［J］.海南大学学报：自然科学版，38（2）：6.

刘菊香，聂明建，2019.湘北地区红心火龙果温室栽培技术初探［J］.湖南农业科学，（8）：66-69.

刘友接，林世明，黄雄峰，等，2015.套袋对"石火泉"火龙果果实主要经济性状、抗逆性和品质的影响［J］.热带作物学报，12（5）：2138-2141.

刘友接，熊月明，2021.光诱导对大棚火龙果冬春季成花的影响［J］.中国南方果树，50（6）：4.

刘友接，熊月明，黄雄峰，等，2017.授粉品种对"富贵红"火龙果果实主要性状的影响［J］.福建农业学报，32（8）：5.

卢艳春，2016."仙桃1号"蛋黄果整形修剪技术研究［D］.南宁：广西大学.

罗冬兰，曹森，陈建业，等，2022.火龙果采后品质劣变与保鲜研究进展［J］.中国果树（5）：6.

罗雪桃，2013.浅析火龙果病虫害的综合防治技术［J］.农民致富之友（14）：49-50.

马飞跃，帅希祥，张明，等，2021.火龙果采后贮藏保鲜研究进展［J］.保鲜与加工（11）：021.

马艳粉，田先娇，胥勇，等，2017.几种物质对火龙果园内桔小实蝇的诱集效果［J］.中国南方果树，46（2）：4.

明建鸿，林兴娥，高宏茂，等，2020. 人工补光技术在火龙果上的应用研究进展 [J].
热带农业科学，40（3）：6.

牟海飞，刘洁云，黄永才，等，2017. 火龙果离体培养茎段灭菌及芽诱导增殖研究 [J].
西南农业学报，30（6）：6.

聂琼，文晓鹏，2017. 火龙果组培苗体细胞无性系变异及其分子检测 [J]. 果树学报，
34（12）：10.

乔谦，于泳，王江勇，等，2020. 火龙果研究进展及北方引种可行性分析 [J]. 中国农
学通报，36（25）：7.

秦永华，叶耀雄，胡桂兵，等，2018. 火龙果新品种"双色1号"[J]. 园艺学报
（A02）：2.

秋卓君，2019. 修剪、疏果、套袋对费约果"川稔1号"品质影响研究 [D]. 绵阳：
西南科技大学.

宋晓兵，朱晓峰，崔一平，等，2022. 广东火龙果主要病虫害及综合防控技术 [J]. 热
带农业科学（7）：42.

苏明，2018. 解读火龙果种植管理技术 [J]. 农业与技术，38（11）：107-109.

苏明，任太军，袁水清，等，2018. 海南火龙果反季节生产技术初探 [J]. 中国南方果
树，47（1）：4.

孙佩光，程志号，孙长君，等，2022. 16份火龙果种质资源果实营养品质分析 [J]. 分
子植物育种，20（19）：8.

孙清明，李春雨，刘应钦，2017. 火龙果新品种'粤红3号'的选育 [J]. 果树学报，
34（6）：3.

孙清明，李春雨，刘应钦，等，2016. 火龙果新品种"仙龙水晶"[J]. 园艺学报，
43（S2）：2725-2726.

孙清明，李春雨，曾斌，等，2016. 火龙果新品种"粤红"[J]. 园艺学报，43（S2）：
2727-2728.

孙绍春，赵岩，孙猛，2019. 设施火龙果病虫害绿色防控技术 [J]. 北方果树（06）：
26-28.

王彬，郑伟，蔡永强，等，2016. 火龙果新品种"黔果1号"[J]. 园艺学报，43
（3）：2.

王虎，王小红，聂克艳，等，2022.黏土改良对火龙果生长及光合特性的影响［J］.贵州农业科学（4）：50.

王会会，符碧海，戴俊，等，2016.火龙果溃疡病菌的鉴定及室内药剂筛选［J］.中国南方果树，45（1）：6.

王金乔，马翠凤，张学娟，等，2017."金都1号"火龙果果实生长发育规律研究［J］.热带农业科学（2）：24–27.

王学武，杨开样，茶正早，等，2018.不同施肥模式对火龙果产量和品质的影响［J］.热带农业科学，38（5）：6.

王宇，俞露，张绿萍，等，2018.不同厚度PE袋对冷藏火龙果品质的影响［J］.贵州农业科学，46（9）：130–132.

王玉林，郑运锋，谭柏深，等，2022.火龙果新品种"大丘4号"［J］.园艺学报，49（S1）：59–60.

王壮，王榜列，成文韬，等，2018.火龙果紫红龙果实的生长发育特征［J］.贵州农业科学，46（4）：4.

韦文添，2016.几种杀菌剂对火龙果镰刀菌果腐病菌的室内毒力测定［J］.中国南方果树，45（2）：2.

吴婧波，詹儒林，柳凤，等，2019.火龙果锈斑病病原菌鉴定［J］.植物保护学报（4）：2.

吴琳，李菊馨，秦霞，等，2016.不同果肉颜色火龙果种子萌发特性研究［J］.种子，35（3）：4.

吴绪波，周东辉，傅炽栋，等，2018.红玉火龙果高效栽培技术［J］.中国热带农业，85（6）：77–78.

谢志亮，曾光辉，余宏傲，等，2017.白玉龙火龙果不同外植体的离体培养［J］.南方农业学报，48（9）：6.

徐敏，熊睿，刘成立，等，2018.氮肥施用量对火龙果枝条生长及养分积累的影响［J］.热带生物学报，9（4）：427–432.

杨相政，吕平，徐新明，等，2016.不同包装对火龙果低温贮藏品质的影响［J］.中国果树（5）：3.

叶小荣，赵晓美，黄春红，等，2019.大棚补光对火龙果开花及产量影响［J］.中国南方果树，48（6）：3.

叶耀雄，胡桂兵，李加强，等，2018.火龙果新品种"莞华白"［J］.园艺学报，45（11）：2.

张瀚，杨福孙，胡文斌，等，2022.火龙果果实生长及内含物变化规律［J］.江苏农业科学（11）：050.

张慧君，梁亚灵，2017.火龙果抗寒性研究［J］.基因组学与应用生物学，36（5）：6.

张晓梅，杜玉霞，李进学，等，2016.不同基质对火龙果扦插苗生长的影响［J］.中国南方果树，45（4）：3.

张晓梅，刘红明，李进学，等，2016.有机肥对火龙果不同批次果实生长与品质的影响［J］.江苏农业科学，44（8）：3.

张雪，王壮，王荔，等，2020.火龙果新品种'黔红'的选育［J］.中国果树（2）：3.

张艳艳，李红娟，乐章燕，等，2020.日光温室红心火龙果果实生长特性分析［J］.热带农业科学，40（9）：5.

张怡，沈迎春，2020.防治火龙果炭疽病安全用药技术初探［J］.农药科学与管理，41（7）：8.

张怡，沈迎春，2021.防治火龙果介壳虫安全用药技术初探［J］.江苏农业科学，49（14）：5.

张振华，林江，王文雅，等，2019.火龙果溃疡病原菌拮抗菌株的筛选与生物防治效果初探［J］.河南农业科学，48（8）：88-94.

张志珂，马梅冰，胡桂兵，等，2023.火龙果新品种粉红1号的选育［J］.果树学报，40（4）：822-826.

赵航，李宏玉，沈嘉彬，等，2019.云南大理应用性信息素防治梨园橘小实蝇及梨小食心虫的效果研究［J］.中国植保导刊，39（6）：59-63.

赵世学，符碧海，戴俊，等，2016.10种杀细菌剂对火龙果细菌性茎腐病菌的毒力测定［J］.中国南方果树，45（2）：84-86.

赵志平，张阳梅，刘代兴，等，2018.施肥时间、用量对火龙果产量的影响［J］.热带农业科学，38（1）：12-16，32.

赵志祥，严婉荣，陈圆，等，2018.海南火龙果叶斑病病原鉴定与系统进化分析［J］.分子植物育种，16（21）：7.

周禄生，肖敏，赵晓东，等，2016.火龙果南果北种优质高产高效栽培集成技术初探［J］.中国南方果树，45（6）：3.

朱迎迎，李敏，高兆银，等，2016.火龙果炭疽病病原菌的鉴定及生物学特性研究［J］.
　　南方农业学报，47（1）：8.
卓福昌，周婧，唐景美，等，2021.火龙果产期调节关键技术研究［J］.中国南方果树
　　（2），87-90.